普通高等教育"十四五"系列教材

数字信号处理实验教程

——基于MATLAB的数字信号处理仿真

主编 ◎ 欧阳玉梅 汪淑贤 蒋红梅 王旬

华中科技大学出版社
http://www.hustp.com
中国·武汉

图书在版编目(CIP)数据

数字信号处理实验教程:基于 MATLAB 的数字信号处理仿真/欧阳玉梅等主编.—武汉:华中科技大学出版社,2020.8

ISBN 978-7-5680-6386-9

Ⅰ.①数… Ⅱ.①欧… Ⅲ.①数字信号处理-Matlab 软件-教材 Ⅳ.①TN911.72

中国版本图书馆 CIP 数据核字(2020)第 147196 号

数字信号处理实验教程

——基于 MATLAB 的数字信号处理仿真 欧阳玉梅 汪淑贤 蒋红梅 王 旬 主编

Shuzi Xinhao Chuli Shiyan Jiaocheng——Jiyu MATLAB de Shuzi Xinhao Chuli Fangzhen

策划编辑:康 序
责任编辑:舒 慧
封面设计:孢 子
责任监印:朱 玢
出版发行:华中科技大学出版社(中国·武汉) 电话:(027)81321913
武汉市东湖新技术开发区华工科技园 邮编:430223
录 排:华中科技大学惠友文印中心
印 刷:武汉市首壹印务有限公司
开 本:787mm×1092mm 1/16
印 张:13.5
字 数:346 千字
版 次:2020 年 8 月第 1 版第 1 次印刷
定 价:38.00 元

前言

PREFACE

“数字信号处理”是电子信息类本科的重要专业课程，该课程的理论性较强，概念抽象，公式算法推导复杂，较难理解，因此，结合计算机和数学工具软件辅助数字信号处理的教学与实践成为必然。本书作为配套理论部分的实验教材，通过对典型数字信号、数字系统及语音、图像算法进行分析及应用，使学生掌握数字信号与系统的设计、仿真及应用。

本书主要分为5个部分：第1部分为MATLAB仿真软件的使用介绍和基本操作；第2部分为信号与系统的仿真，主要包括连续信号和连续系统的分析及仿真，离散信号和离散系统的分析及仿真，离散傅里叶变换、快速傅里叶变换的仿真及应用，以及IIR、FIR数字滤波器的设计及应用；第3部分为语言信号处理，包括从语言信号的产生到加噪、增强和应用的仿真实现；第4部分为数字图像处理，包括数字图像在MATLAB中的基本操作、图像的空域和频域增强、图像形态学及图像分割等内容；第5部分为调制技术仿真，包括对幅度调制、频率调制、脉冲编码调制和增量调制技术的仿真。

本书由桂林电子科技大学信息科技学院信息工程系欧阳玉梅、汪淑贤、蒋红梅、王旬主持编写。限于编者水平，书中难免存在不足，恳请广大读者批评指正！联系邮箱：hustpeiit@163.com。

编 者

2020年5月

目录

CONTENTS

第 1 部分　MATLAB 入门教程/1

1.1　MATLAB 软件应用介绍/1
1.2　MATLAB 软件基本操作/7
1.3　MATLAB 软件简单二维图形绘制/13
1.4　M 文件/16
1.5　MATLAB 程序流程控制/16

第 2 部分　信号与系统仿真/20

实验 1　连续信号的分析/20
实验 2　连续系统的频域分析/29
实验 3　连续信号的采样与恢复/40
实验 4　离散信号与离散系统的时域分析/47
实验 5　离散系统的 Z 域分析/60
实验 6　离散傅里叶变换(DFT)/67
实验 7　快速傅里叶变换(FFT)及其应用/73
实验 8　IIR 数字滤波器的设计/85
实验 9　FIR 数字滤波器的设计/92

第 3 部分　语音信号处理/100

实验 10　语音信号的产生及分析/100
实验 11　语音增强/111
实验 12　小波变换在语音处理中的应用/121

第 4 部分　数字图像处理/129

实验 13　数字图像在 MATLAB 中的基本操作/129
实验 14　图像的空间域增强/138
实验 15　图像的频域增强/145
实验 16　图像形态学/153
实验 17　图像分割/157

第 5 部分　调制技术仿真/166

实验 18　标准振幅和双边带调制/166
实验 19　单边带和残留边带调制/175
实验 20　频率调制/183
实验 21　脉冲编码和增量调制/191

附录 A　MATLAB 主要命令函数表/202

参考文献/210

第1部分 MATLAB入门教程

1.1 MATLAB软件应用介绍

MATLAB的名称源自 Matrix Laboratory，1984 年由美国 MathWorks 公司推向市场，它是一种科学计算软件，专门以矩阵的形式处理数据。MATLAB将高性能的数值计算和可视化集成在一起，并提供了大量的内置函数，从而被广泛地应用于科学计算、系统控制、信息处理等领域的分析、仿真和设计工作。1993 年 MathWorks 公司从加拿大滑铁卢大学购得 Maple 软件的使用权，从而以 Maple 为"引擎"开发了符号数学工具箱(Symbolic Math Toolbox)。

MATLAB软件包括五大通用功能：数值计算功能(Numeric)、符号运算功能(Symbolic)、数据可视化功能(Graphic)、数据图形文字统一处理功能(Notebook)和建模仿真可视化功能(Simulink)。其中，符号运算功能的实现是通过请求 Maple 内核计算并将结果返回到 MATLAB命令窗口。MATLAB软件有三大特点：一是功能强大；二是界面友善，语言自然；三是开放性强。目前，MathWorks 公司已推出三十多个应用工具箱。MATLAB 在线性代数、矩阵分析、数值及优化、数理统计和随机信号分析、电路与系统、系统动力学、信号和图像处理、控制理论分析和系统设计、过程控制、建模和仿真、通信系统以及财政金融等众多领域的理论研究和工程设计中得到了广泛应用。

MATLAB在信号与系统中的应用主要包括符号运算和数值计算仿真分析。由于信号与系统课程的许多内容都是基于公式演算，而 MATLAB 借助符号数学工具箱提供的符号运算功能，能基本满足信号与系统课程的需求。例如，解微分方程、傅里叶正反变换、拉普拉斯正反变换、Z 正反变换等。MATLAB 在信号与系统中的另一主要应用是数值计算与仿真分析，主要包括函数波形绘制、函数运算、冲激响应与阶跃响应仿真分析、信号的时域分析、信号的频谱分析、系统的 S 域分析、零极点图绘制等内容。数值计算仿真分析可以帮助学生更深入地理解信号与系统的理论知识，并为将来使用 MATLAB 进行信号处理领域的各种分析和实际应用打下基础。

MATLAB 6.5 的工作桌面由标题栏、菜单栏、工具栏、命令窗口(Command Window)、工作空间窗口(Workspace)、当前目录窗口(Current Directory)、历史命令窗口(Command History)及状态栏组成，从而为用户使用 MATLAB 提供了集成的交互式图形界面，如图 1-1 所示。

MATLAB的命令窗口是接收用户输入命令及输出数据显示的窗口，几乎所有的

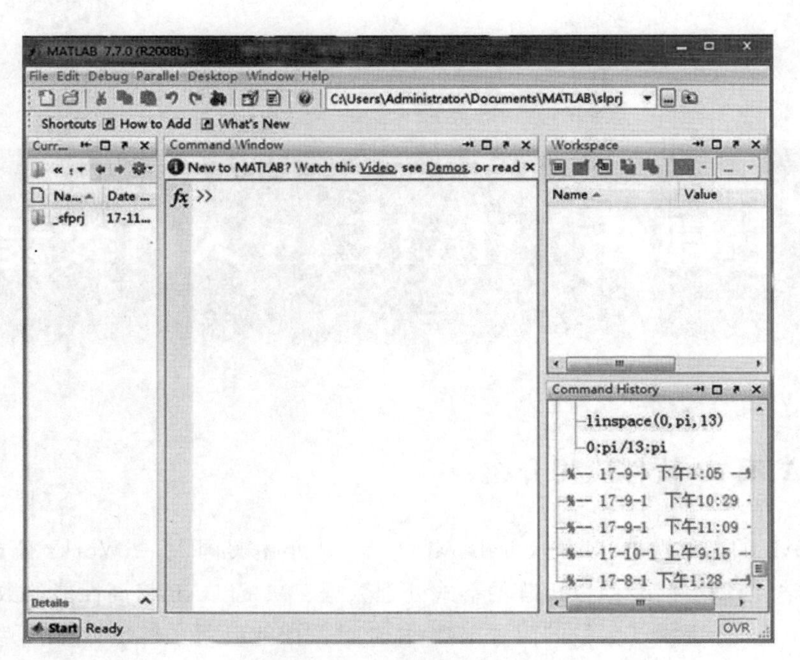

图 1-1 MATLAB 的工作界面

MATLAB 行为都是在命令窗口中进行的。当启动 MATLAB 软件时，命令窗口就做好了接收指令和输入的准备，并出现命令提示符(》)。在命令提示符后输入指令，通常会创建一个或多个变量。变量可以是多种类型的，包括函数和字符串，但通常变量只是数据。这些变量被放置在 MATLAB 的工作空间中，工作空间窗口提供了变量的一些重要信息，包括变量的名称、维数大小、占用内存大小以及数据类型等信息。查看工作空间的另一种方法是使用 whos 命令。在命令提示符后输入 whos 命令，工作空间中的内容概要将作为输出显示在命令窗口中。

有的命令可以用来清除不必要的数据，同时释放部分系统资源。clear 命令可以用来清除工作空间的所有变量，如果要清除某一特定变量，则需要在 clear 命令后加上该变量的名称。另外，clc 命令用来清除命令窗口的内容。

如果希望将 MATLAB 所创建的变量及重要数据保留下来，则使用 save 命令，并在其后加上文件名，即可将整个工作空间保存为一个扩展名为. mat 的文件。使用 load 命令，并在其后加上文件名，则可将 MATLAB 数据文件(. mat 文件)中的数据加载到工作空间中。MATLAB 历史命令窗口记录了每次输入的命令，在该窗口中可以对以前的历史命令进行查看、复制或者直接运行。

对于初学者而言，需要掌握的最重要且最有用的命令应为 help 命令。MATLAB 命令和函数有数千个，而且许多命令的功能非常强大，调用形式多种多样。要想了解一个命令或函数，只需在命令提示符后输入 help，并加上该命令或函数的名称，则 MATLAB 会给出其详细帮助信息。另外，MATLAB 还精心设计了演示程序系统(Demo)，内容包括 MATLAB 的内部主要函数和各个工具箱(Toolbox)的使用。初学者可以方便地通过这些演示程序及给出的程序源代码进行直观的感受和学习。用户可以通过两种途径打开演示程序系统：一是在命令窗口中输入 demo 或 demos 命令，并按 Enter 键；二是选择【help】→【Demos】菜单命令。

1. M 文件编辑

刚启动 MATLAB 进入界面，命令窗口可以输入一些简单的单条指令并查看其运行结果，但命令窗口中已输入执行的指令不能修改，而且也不能保存，因此在编辑复杂的多条指令程序时，使用命令窗口就不方便了。

在 MATLAB 编程时，通常通过 M 文件来进行。可以通过单击【File】→【New】→【M-file】，进入图 1-2 所示的界面，也就是 M 程序编辑窗口，在编辑窗口按下 Ctrl+n 键，或者直接单击新建空白 M 文件，还可以新建多个空白 M 文件，这就是在接下来的实验中要用到的界面。

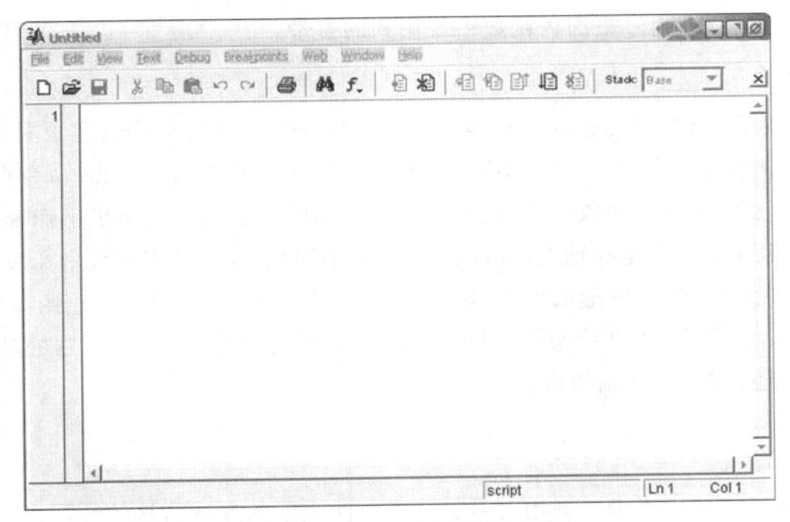

图 1-2　M 程序编辑窗口

进入 M 程序编辑窗口以后，就可以开始编写程序。把编写好的程序键入，然后把程序保存起来，因为 MATLAB 不会编译没有保存的文件。单击【File】→【Save As】，给文件定义一个容易辨别的名字，系统会以 .m 为后缀保存到 G:\MATLAB\work 的 work 文件夹中，因此称之为 M 文件。保存之后，要对程序进行编译，单击【Debug】→【Run】，或者直接按 F5 就可以进行编译。编译成功，会听到"嘀"的一声，随之得到程序运行结果。如果是数值运算结果，会显示在命令窗口中；如果是图形，会弹出新窗口显示。如果编译不成功，则会在命令窗口中显示出哪一行出现了错误，根据错误提示对指出的错误进行修改，再次编译运行。

M 文件命名规则：

(1)由规定长度的英文字符、数字和下划线组成，但文件名第一个字符不能为数字；

(2)文件名不要取为 MATLAB 的一个固有函数。M 文件名尽量不要是简单的英文单词，最好是由大小写英文/数字/下划线等组成。原因是简单的单词命名容易与 MATLAB 内部函数名同名，结果会出现一些莫名其妙的错误。

(3)文件名不能包含空格。

2. 实验中要用的指令介绍

在整个信号与系统实验过程中，要利用 MATLAB 来编程，实现对信号的描述、时域分析、卷积计算以及变换域分析等。所以，对 MATLAB 中的常用简单指令必须有一个比较好的了解。下面对一些常用指令做简单的介绍。

1)函数文件

以 function 开头的 M 文件是自己编写的完成特定功能的一些程序,在 MATLAB 中会封装成一条语句,供其他 M 文件调用。

因为在 MATLAB 中不是它的自带函数就可以完成所有功能,更多的时候需要自己编写程序来实现想要的功能,这时就要用到函数文件命令。函数文件只能被其他 M 文件调用,本身不能运行,且函数文件必须和调用它的 M 文件保存在同一个文件夹中,其调用格式为

```
function ****()
```

括号外面为函数名称,括号里面为函数中要用到的参量。

2)绘图命令

MATLAB 可视化的特点体现在它提供了多种画图命令,可以调用这些画图命令方便地把程序的结果用图形显示出来。以绘制连续函数图形的 plot 命令为例,plot 命令自动打开一个图形窗口,用直线连接相邻两数据点来绘制图形,根据图形坐标自动缩扩坐标轴,将数据标尺及单位标注自动加到两个坐标轴上,可自定义坐标轴,可把 x, y 轴用对数坐标表示,还可以任意设定曲线颜色和线型,给图形加坐标网线和注释。下面介绍一些常用的绘图指令。

(1)plot(x,y)命令:用来绘制用向量表示法表示的连续信号的波形,它的功能是将向量点用直线依次连接起来,其调用格式为

```
plot(k,f)
```

其中,k 和 f 是向量。

(2)ezplot( ) 命令:用来绘制用符号运算表示法表示的连续信号的波形,其调用格式为

```
ezplot(f,[t1,t2])
```

其中,[t1,t2]为时间变量 t 的取值范围,f 是以 t 为变量的函数。

(3)stem 命令:专门用来绘制离散序列的波形,其调用格式为

```
stem(k,f)
```

调用此命令可以绘制出离散序列的点状图。

(4)subplot 命令:用于在一个图形窗口中显示多个子图形。在 MATLAB 绘图过程中,有时为了便于观测图形的变化,需要在一个波形显示窗口显示多个信号的波形,这时可以调用 subplot 命令,其调用格式为

```
subplot(n1,n2,k)
```

subplot()命令要和画图指令配合使用,如定义一个 subplot(2,2,1),就可以在显示窗口中显示两行两列 k=2×2 个波形,这四个图形的编号从左到右、从上到下依次为 1、2、3、4,接下来画图语句得到的图形就会显示在 1 号子图的位置。

3)图形注释命令

为了增加图形的可懂度,方便看图,需要在函数图形或者信号波形图上给出相应的注释,下面介绍常用的图形注释命令,这些图形注释命令只有在绘图命令执行后才能对绘制的图形进行注释,因此需要放在图形绘制命令之后。

(1)title( ) 命令:用于标注图形的标题,其调用格式为

```
title('……')
```

括号中两个单引号包含的内容可以是任意对图形进行注释的文字，调用该命令后，会在图形上方显示单引号内的内容作为图形的标题。

(2)xlabel、ylabel命令：这两条指令是用来对绘制出来的波形做标注用的，可以标注出两个坐标轴所代表的物理量，增加图形中的信息量，其调用格式为

```
xlabel('……'),ylabel('……')
```

括号中两个单引号包含的内容是对坐标轴做注释的文字或字母。

(3)axis命令：用于定义绘制波形中坐标的范围，其调用格式为

```
axis([k1,k2,g1,g2])
```

其中，k1，k2表示横坐标的范围，g1，g2表示纵坐标的范围。

(4)grid on命令：用于给绘制的图形标注网格。

(5)grid off命令：用于关闭图形中的网格。

4)其他常用指令

(1)subs命令：可以将连续信号中的时间变量t用t－t0，at等来替换，从而完成信号在时域范围内的变换，其调用格式为

```
subs(f,t,t-t0)
```

通过调用此函数，可以对信号做移位、伸展等变换。

(2)fliplr命令：用来将向量以零时刻为基准点进行反褶，其调用格式为

```
f=fliplr(f1)
```

这样f就是向量f1反褶后的向量。

(3)min、max命令：这两个命令可以用来比较算出一个向量中的最小值和最大值，或者比较得出两个值中的较小值，其调用格式为

```
min(k),max(k),min(k1,k2),max(k1,k2)
```

(4)length命令：可以计算出向量的长度，其调用格式为

```
length(f)
```

(5)conv命令：用来计算两个序列的卷积和，调用此函数，可以将两个给定的序列计算出卷积和，其调用格式为

```
f=conv(f1,f2)
```

括号里的f1，f2代表参与卷积运算的两个信号，调用此函数，必须先定义f1，f2。

5)矩阵生成命令

(1)ones命令：产生元素全部为1的矩阵，其调用格式为

```
ones(m,n)
```

表示产生m行n列元素全部为1的矩阵。本书中常用此函数来表示离散阶跃序列，或者定义连续的门信号。

(2)zeros命令：产生元素全部为0的矩阵，其调用格式为

```
zeros(m,n)
```

表示产生m行n列元素全部为0的矩阵。

(3)linspace命令：用于在两个数之间产生规定数目的一组等间距数，其调用格式为

```
linspace(x1,x2,N)
```

其中,x1,x2,N 分别为起始值、终止值、元素个数。若缺少 N,默认点数为 100。

(4)a:b:c 命令:用于产生从 a 开始,到 c 结束的一组等差数列,每两个相邻元素之间的差为 b,其调用格式为

```
0:0.1:1
```

表示从 0 开始,间隔 0.1 取一个数,一直到 1,总共 11 个数组成的等差数列,一般用于表示函数或者信号的自变量取值。

6)符号命令

(1)syms 命令:在符号表示法中,可以用此命令来定义变量,其调用格式为

```
syms t
```

定义一个变量 t。

(2)sym 命令:符号表示法中的调用系统自带函数的命令,其调用格式为

```
f=sym('……')
```

中间为系统能识别的常用信号,如正弦信号、指数信号 e^{-nt} 等。

7)clc 和 clear 命令

(1)clc 命令:M 文件的运行结果如果不是图形,就会显示在主界面的命令窗口中,每运行一次 M 文件,结果都会显示在命令窗口中,这样每次运行的结果就不容易分辨。为了不混淆每次运行的结果,可以在 M 文件的开头加上 clear 命令,该命令用于清空命令窗口中的内容。

(2)clear 命令:在 MATLAB 中每次定义一个变量,都会保存在工作空间,如果在运行完一个程序后没有清空工作空间,就会造成变量混淆的问题,因此可以调用 clear 命令对工作空间进行清空,其调用格式为

```
clear,clc
```

直接调用,不需要输入参数,一般在每个 M 文件的开头都加上这两个命令。

8)help 命令

MATLAB 提供强大的帮助功能,可以使用菜单栏上的 help 项来查找 MATLAB 的自带函数命令,也可以直接在命令窗口输入 help,后面输入需要查找的命令,按回车键,就会在命令窗口中显示该命令的作用及调用格式。

如在命令窗口中输入 help max,按回车键,就会显示图 1-3 所示的内容,告诉用户 max 这条命令的作用及其调用格式。

```
>> help max
 MAX    Largest component.
    For vectors, MAX(X) is the largest element in X. For matrices,
    MAX(X) is a row vector containing the maximum element from each
    column. For N-D arrays, MAX(X) operates along the first
    non-singleton dimension.
```

图 1-3　命令运行结果

1.2 MATLAB 软件基本操作

1. MATLAB 软件的数值计算

1)算术运算

MATLAB 可以像一个简单的计算器一样使用，不论是实数运算还是复数运算，都能轻松完成。标量的加法、减法、乘法、除法和幂运算，均可通过常规符号"+""-""*""/"以及"^"来完成。对于复数中的虚数单位，MATLAB 采用预定义变量 i 或 j 表示，即 $i=j=\sqrt{-1}$。因此，一个复常量可用直角坐标的形式来表示。例如

```
>>A=-3-i*4
A=-3.0000-4.0000i
```

将复常量-3-i4 赋予了变量 A。

一个复常量还可用极坐标的形式来表示。例如

```
>>B=2*exp(i*pi/6)
B=1.7321+1.0000i
```

其中，pi 是 MATLAB 预定义变量，$pi=\pi$。

复数的实部和虚部可以通过 real 和 imag 运算符来实现，而复数的模和辐角可以通过 abs 和 angle 运算符来实现，但应注意辐角的单位为弧度。例如，复数 A 的模和辐角、复数 B 的实部和虚部的计算分别为

```
>>A_mag=abs(A)
A_mag=5
>>A_rad=angle(A)
A_rad=-2.2143
>>B_real=real(B)
B_real=1.7321
>>B_imag=imag(B)
B_imag=1.0000
```

如果将弧度值用度来表示，则可进行转换，即

```
>>A_deg=angle(A)*180/pi
A_deg=-126.8699
```

复数 A 的模可表示为 $|A|=\sqrt{AA^*}$，因此，其共轭复数可通过 conj 命令来实现。例如

```
>>A_mag=sqrt(A*conj(A))
A_mag=5
```

2)向量运算

向量是组成矩阵的基本元素之一，MATLAB 具有强大的向量运算功能。一般向量分为行向量和列向量。生成向量的方法有很多，主要介绍两种。

(1)直接输入向量：把向量中的每个元素列举出来。向量元素要用"[ ]"括起来，元素之间可用空格、逗号分隔生成行向量，用分号分隔生成列向量。例如

```
>>A=[1,3,5,21]
A=
1    3    5    21
>>B=[1;3;5;21]
B=
     1
     3
     5
    21
```

(2)利用冒号表达式生成向量:用于生成等步长或均匀等分的行向量,其表达式为 x=x0:step:xn。其中,x0 为初始值,step 表示步长或增量,xn 为结束值。如果 step 值缺省,则步长默认为 1。例如

```
>>C=0:2:10
C=
    0    2    4    6    8    10
>>D=0:10
D=
    0    1    2    3    4    5    6    7    8    9    10
```

在连续时间信号和离散时间信号的表示过程中经常要用到冒号表达式。例如,对于 $0\leqslant t\leqslant 1$ 范围内的连续信号,可用冒号表达式"t=0:0.001:1;"来近似表示该区间,此时向量 t 表示该区间以 0.001 为间隔的 1001 个点。

如果一个向量或一个标量与一个数进行运算,即"+""-""*""/"以及"^"运算,则运算结果是将该向量的每一个元素与这个数逐一进行相应的运算所得到的新向量。例如

```
>>C=0:2:10;
>>E=C/4
E=
    0    0.5000    1.0000    1.5000    2.0000    2.5000
```

其中,第一行语句结束的分号是为了不显示 C 的结果;第二句没有分号,则显示出 E 的结果。

一个向量中的元素个数可以通过"length"命令获得。例如

```
>>t=0:0.001:1;
>>L=length(t)
L=1001
```

3)矩阵运算

MATLAB 又称矩阵实验室,因此 MATLAB 中的矩阵表示十分方便。例如,想要输入矩阵 $\begin{bmatrix}11 & 12 & 13\\21 & 22 & 23\\31 & 32 & 33\end{bmatrix}$,在 MATLAB 命令窗口中可输入下列命令得到,即

```
>>a=[11 12 13;21 22 23;31 32 33]
a=
     11    12    13
     21    22    23
     31    32    33
```

其中，命令中整个矩阵用中括号“[ ]”括起来，矩阵每一行的各个元素必须用逗号“,”或空格分开，矩阵的不同行之间必须用分号“;”或者按 Enter 键分开。

在矩阵的加减运算中，矩阵维数相同才能实行加减运算。矩阵的加法或减法运算是将矩阵的对应元素分别进行加法或减法运算。在矩阵的乘法运算中，要求两矩阵必须维数相容，即第一个矩阵的列数必须等于第二个矩阵的行数。例如

```
>>a=[1 2 3;4 5 6]
a=
   1    2    3
   4    5    6
>>b=[1 2;3 4;5 6]
b=
   1    2
   3    4
   5    6
>>c=a*b
c=
   22    28
   49    64
```

MATLAB 中矩阵的点运算是指维数相同的矩阵位置对应元素进行的算术运算，标量常数可以和矩阵进行任何点运算。常用的点运算包括“.*”“./”“.\”“.^”等。矩阵的加法和减法是在对应元素之间进行的，所以不存在点加法或点减法。

点乘运算又称 Hadamard 乘积，是指两维数相同的矩阵或向量对应元素相乘，表示为 C=A.*B。点除运算是指两维数相同的矩阵或向量中各元素独立的除运算，包括点右除和点左除。其中：点右除表示为 C=A./B，意思是 A 对应元素除以 B 对应元素；点左除表示为 C=A.\B，意思是 B 对应元素除以 A 对应元素。点幂运算是指两维数相同的矩阵或向量各元素独立的幂运算，表达式为 C=A.^B。

实例 1　已知 t 为一向量，用 MATLAB 命令计算 $y=\dfrac{\sin(t)e^{-2t}+5}{\cos(t)+t^2+1}$ 在 $0\leqslant t\leqslant 1$ 区间上对应的值。

表达式中的运算都是点运算，MATLAB 源程序为

```
>>t=0:0.01:1;
>>y=(sin(t).*exp(-2*t)+5)./(cos(t)+t.^2+1);
>>plot(t,y),xlabel('t'),ylabel('y')
```

这里未将 y 向量的结果显示出来，而是利用 plot 命令将结果绘出图形来，如图 1-4 所示。

2. 标准数组生成函数和数组操作函数

1)标准数组生成函数

标准数组产生的演示：

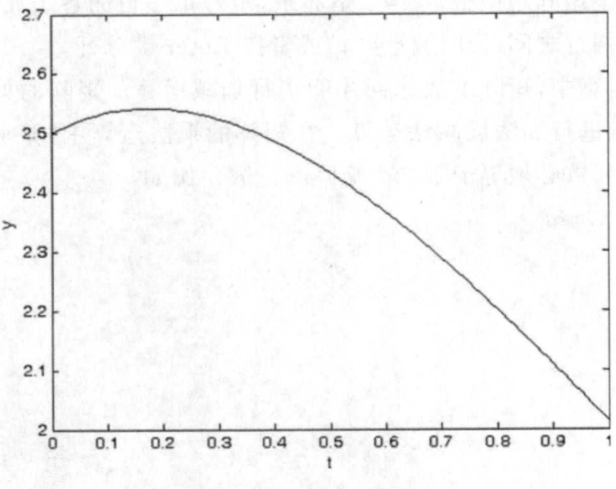

图 1-4　实例 1 的结果

```
>>ones(1,2)
ans=1    1
>>ones(2)
ans=
1    1
1    1
>>randn('state',0)
>>randn(2,3)
ans=
-0.4326    0.1253    -1.1465
-1.6656    0.2877     1.1909
>>D=eye(3)
D=
    1    0    0
    0    1    0
    0    0    1
>>diag(D)
ans=
1
1
1
>>diag(diag(D))
ans=
    1    0    0
    0    1    0
    0    0    1
>>repmat(D,1,3)
```

```
ans=
     1     0     0     1     0     0     1     0     0
     0     1     0     0     1     0     0     1     0
     0     0     1     0     0     1     0     0     1
```

2)数组操作函数

diag与reshape的使用演示：

```
>>a=-4:4
>>A=reshape(a,3,3)
a=
  -4   -3   -2   -1    0    1    2    3    4
A=
    -4   -1    2
    -3    0    3
    -2    1    4
>>a1=diag(A,1)
a1=
  -1
   3
>>A1=diag(a1,-1)
A1=
     0    0    0
    -1    0    0
     0    3    0
```

数组转置、对称交换和旋转操作结果的对照比较：

```
>>A
A=
    -4   -1    2
    -3    0    3
    -2    1    4
>>A.'
ans=
    -4   -3   - 2
    -1    0    1
     2    3    4
>>flipud(A)
ans=
    -2    1    4
    -3    0    3
    -4   -1    2
>>fliplr(A)
ans=
```

```
  2      -1     -4
  3       0     -3
  4       1     -2
>>rot90(A)
ans=
  2       3      4
 -1       0      1
 -4      -3     -2
```

3. MATLAB软件的符号运算

MATLAB符号运算工具箱提供的函数命令是专门研究符号运算功能的。符号运算是指符号之间的运算，其运算结果仍以标准的符号形式表达。符号运算是MATLAB的一个极其重要的组成部分，符号表示的解析式比数值解具有更好的通用性。在使用符号运算之前，必须定义符号变量，并创建符号表达式。定义符号变量的语句格式为

```
syms  变量名
```

其中，各个变量名必须用空格隔开。例如，定义x,y,z三个符号变量的语句格式为

```
>>syms x y z
```

可以用whos命令来查看所定义的符号变量，即

```
>>clear
>>syms x y z
>>whos
Name        Size                 Bytes  Class
  x          1x1                  126   sym object
  y          1x1                  126   sym object
  z          1x1                  126   sym object
Grand total is 6 elements using 378 bytes
```

可见，变量x,y,z必须通过符号对象定义，即sym object，才能参与符号运算。

另一种定义符号变量的语句格式为

```
sym('变量名')
```

例如，x,y,z三个符号变量定义的语句格式为

```
>>x=sym('x');
>>y=sym('y');
>>z=sym('z');
```

sym语句还可以用来定义符号表达式，语句格式为

```
sym('表达式')
```

例如，定义表达式x+1为符号表达式对象，语句为

```
>>sym('x+1');
```

另一种创建符号表达式的方法是先定义符号变量，然后直接写出符号表达式。例如，在MATLAB中创建符号表达式 $y=\frac{\sin(t)e^{-2t}+5}{\cos(t)+t^2+1}$，其MATLAB源程序为

```
>>syms t
>>y=(sin(t).*exp(-2*t)+5)./(cos(t)+t.^2+1)
y=(sin(t)*exp(-2*t)+5)/(cos(t)+t^2+1)
```

例如，符号算术运算的 MATLAB 源程序为

```
>>clear
>>syms a b
>>f1=1/(a+1);
>>f2=2*a/(a+b);
>>f3=(a+1)*(b-1)*(a-b);
>>f1+f2
ans=1/(a+1)+2*a/(a+b)
>>f1*f3
ans=(b-1)*(a-b)
>>f1/f3
ans=1/(a+1)^2/(b-1)/(a-b)
```

在符号运算中，可以用“simple”或者“simplify”函数来化简运算结果。例如

```
>>syms x
>>f1=sin(x)^2;
>>f2=cos(x)^2;
>>y=f1+f2
y=sin(x)^2+cos(x)^2
>>y=simplify(y)
y=1
```

1.3 MATLAB 软件简单二维图形绘制

MATLAB 的 plot 命令是绘制二维曲线的基本函数，它为数据的可视化提供了方便的途径。例如，函数 y=f(x)关于变量 x 的曲线绘制语句格式为

```
>>plot(x,y)
```

其中，输出以向量 x 为横坐标，以向量 y 为纵坐标，且按照向量 x，y 中元素的排列顺序有序绘制图形，但向量 x 与 y 必须拥有相同的长度。

绘制多幅图形的语句格式为

```
>>plot(x1,y1,'str1',x2,y2,'str2',...)
```

其中，用 str1 制定的方式，输出以 x1 为横坐标、以 y1 为纵坐标的图形；用 str2 制定的方式，输出以 x2 为横坐标、以 y2 为纵坐标的图形。若省略 str，则 MATLAB 自动为每条曲线选择颜色与线型。

图形绘制完成后，可以通过几个命令来调整显示结果。如 grid on 用来显示格线，axis([xmin,xmax,ymin,ymax])函数调整坐标轴的显示范围。其中，括号内的“,”可用空格代替；xlabel 和 ylabel 命令可为横坐标和纵坐标加标注，标注的字符串必须用单引号引起来；title 命令可在图形顶部加注标题。

用 MATLAB 命令绘制函数 $y=\sin(10\pi t)+\frac{1}{\cos(\pi t)+2}$ 的波形图。

MATLAB 源程序为

```
>>t=0:0.01:5;
>>y=sin(10*pi*t)+1./(cos(pi*t)+2);
>>plot(t,y)
>>axis([0,5,-12,5])
>>xlabel('t'),ylabel('y'),
>>grid on
```

程序运行结果如图 1-5 所示。

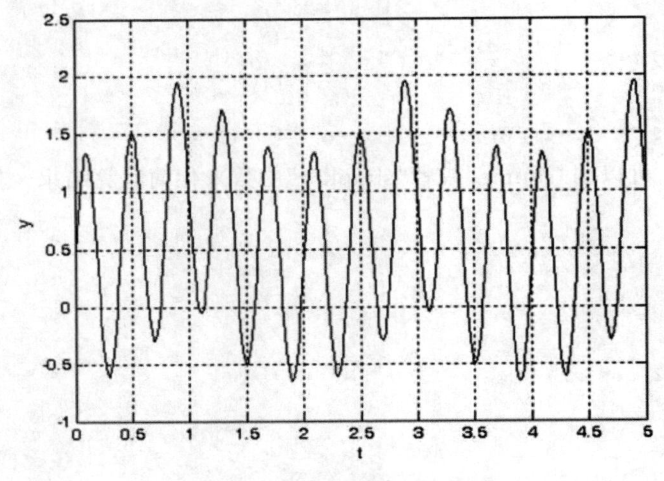

图 1-5　实例 2 的函数波形图

用 subplot 命令可在一个图形窗口中按照规定的排列方式同时显示多个图形，方便比较图形，其调用格式为

```
>>subplot(m,n,p)
```

或者

```
>>subplot(mnp)
```

其中，m 和 n 表示在一个图形窗口中显示 m 行 n 列个图像，p 表示第 p 个图像区域，即在第 p 个区域作图。例如，比较正弦信号相位差的 MATLAB 源程序为

```
>>t=0:0.01:3;
>>y1=sin(2*pi*t);
>>y2=sin(2*pi*t+pi/6);
>>subplot(211),plot(t,y1)
>>xlabel('t'),ylabel('y1'),title('y1=sin(2*pi*t)')
>>subplot(212),plot(t,y2)
>>xlabel('t'),ylabel('y2'),title('y2=sin(2*pi*t+pi/6)')
```

程序运行结果如图 1-6 所示。

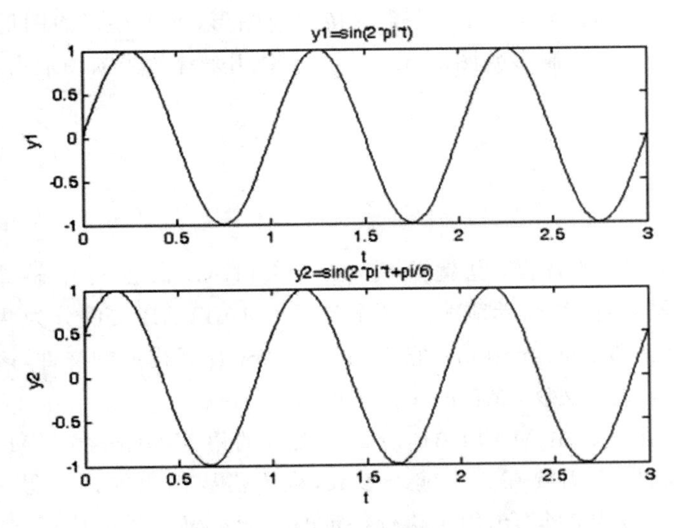

图 1-6　正弦信号相位差比较

除了 plot 命令外，MATLAB 还提供了 ezplot 命令绘制符号表达式的曲线，其调用格式为

```
>>ezplot(y,[a,b])
```

其中，[a,b]表示符号表达式的自变量取值范围，默认值为[0,2π]。

利用 MATLAB 的 ezplot 命令绘出函数 $y=-16x^2+64x+96$ 的波形图。

MATLAB 源程序为

```
>>syms x
>>y='-16*x^2+64*x+96';
>>ezplot(y,[0,5])
>>xlabel('t'),ylabel('y'),
>>grid on
```

程序运行结果如图 1-7 所示。

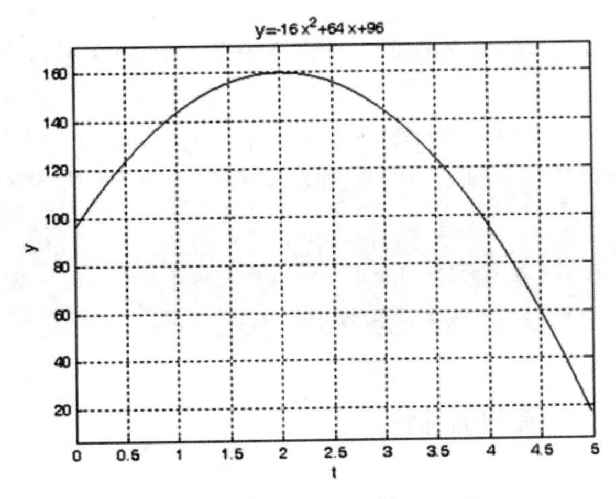

图 1-7　实例 3 的函数波形图

在绘图过程中，可利用hold on命令来保持当前图形，继续在当前图形状态下绘制其他图形，即可在同一窗口中绘制多幅图形；hold off命令用来释放当前图形窗口，绘制下一幅图形作为当前图形。

1.4 M文件

MATLAB是解释型语言，也就是说，在MATLAB命令行中输入的命令在当前MATLAB进程中被解释运行，无须编译和链接等。MATLAB文件分为两类，即M脚本文件(M-Script)和M函数(M-function)，它们均为由ASCII码构成的文件，该文件可直接在文本编辑器中编写，称为M文件，保存的文件扩展名是.m。

M脚本文件包含一族由MATLAB语言所支持的语句，并保存为M文件。它类似于DOS下的批处理文件，不需要在其中输入参数，也不需要给出输出变量来接受处理结果。脚本仅是若干命令或函数的集合，用于执行特定的功能。M文件的执行方式很简单，用户只需在MATLAB的提示符>>下键入该M文件的文件名，这样MATLAB就会自动执行该M文件中的各条语句，并将结果直接返回到MATLAB工作空间中。M脚本文件实际上是一系列MATLAB命令的集合，它的作用与在MATLAB命令窗口中输入一系列命令等效。

M函数文件不同于M脚本文件，它是一种封装结构，通过外界提供输入量而得到函数文件的输出结果。函数是接受入口参数返回出口参数的M文件，程序在自己的工作空间中操作变量，与工作空间分开，无法访问。M函数文件和M脚本文件都是在编辑器中生成的，通常以关键字function引导“函数声明行”，并罗列出函数与外界联系的全部“标称”输入输出宗量，它的一般形式为

```
function [output 1, output 2,…]=functionname(input 1, input 2,…)
%[output 1, output 2,…]=functionname(input 1, input 2,…) Functionname
%Some comments that explain what the function does go here.
MATLAB command 1;
MATLAB command 2;
MATLAB command 3;
……
```

该函数的M文件名是functionname.m，在MATLAB命令窗口中可被其他M文件调用，例如

```
>>[output 1, output 2]=functionname(input 1, input 2)
```

注意：

MATLAB忽略了“%”后面的所有文字，因此可以利用该符号写注释。以“;”结束一行，可以停止输出打印；在一行的最后输入“…”可以续行，以便在下一行继续输入指令。M函数文件格式是MATLAB程序设计的主流，在一般情况下，不建议使用M脚本文件格式编程。

1.5 MATLAB程序流程控制

MATLAB与其他高级编程语言一样，是一种结构化的编程语言。MATLAB程序流程控制结构一般可分为顺序结构、循环结构以及条件分支结构。MATLAB中实现顺序结构的

方法非常简单，只需将程序语句按顺序排列即可；循环结构可以由 for 循环结构和 while 循环结构两种方式实现；条件分支结构可以由 if 分支结构和 switch 分支结构两种方式实现。下面主要介绍这几种程序流程控制结构。

1. for 循环结构

for 循环结构用于在一定条件下多次循环执行处理某段指令，其语法格式为

```
for  循环变量=初值:增量:终值
     循环体
end
```

循环变量一般被定义为一个向量，这样循环变量从初值开始，循环体中的语句每被执行一次，变量值就增加一个增量，直到变量等于终值为止。增量可以根据需要设定，默认时为1。end 代表循环体的结束部分。

例如，用 for 循环结构求 1+2+3+…+100 的和，其 MATLAB 源程序为

```
>>sum=0;
>>for i=1:100
sum=sum+i;
end
>>sum
sum=
    5050
```

2. while 循环结构

while 循环结构也用于循环执行处理某段指令，但是与 for 循环结构不同的是，在执行循环体之前要先判断循环执行的条件是否成立，即逻辑表达式为“真”还是“假”，如果条件成立，则执行，如果条件不成立，则终止循环，其语法格式为

```
while  逻辑表达式
       循环体
end
```

例如，用 while 循环结构求 1+2+3+…+100 的和，其 MATLAB 源程序为

```
>>sum=0;i=0;
>>while  i<100
i=i+1;
sum=sum+i;
end
>>sum
sum=
    5050
```

从上述 MATLAB 源程序中可以看出，while 循环结构是通过判断逻辑表达式 i<100 是否为“真”而决定是否执行循环体的。

3. if 分支结构

if 分支结构是通过判断逻辑表达式是否成立来决定是否执行制定的程序模块的，其语法格式有两种：一种是单分支结构，另一种为多分支结构。其中，单分支结构的语法格式为

```
if  逻辑表达式
    程序模块
end
```

单分支结构的语法格式的含义是，如果逻辑表达式为“真”，则执行程序模块，否则跳过该分支结构，按顺序执行下面的程序。

多分支结构的语法格式为

```
if  逻辑表达式 1
    程序模块 1
else if  逻辑表达式 2  （可选）
         程序模块 2
……
else
    程序模块 n
end
```

多分支结构的语法格式可理解为：首先判断 if 分支结构中的逻辑表达式 1 是否成立，如果成立则执行程序模块 1，否则继续判断 else if 分支结构中的逻辑表达式 2，如果成立则执行程序模块 2，依次下去，如果结构中所有条件都不成立，则执行程序模块 n。

例如，用 if 分支结构可实现百分制考试分数分级，其 MATLAB 源程序为

```
>>s=input('输入 score=');  %屏幕提示输入 x=,由键盘输入值赋给 x
>>if s>=90
      rank='A'
else if s>=80
      rank='B'
else if s>=70
    rank='C'
else if s>=60
    rank='D'
else
    rank='E'
end
```

4. switch 分支结构

switch 分支结构是根据表达式取值结果的不同来选择执行的程序模块的，其语法格式为

```
switch  表达式
        case 常量 1
            程序模块 1
        case 常量 2
            程序模块 2
……
    otherwise
        程序模块 n
end
```

其中,switch后面的表达式可以是任何类型的,如数字、字符串等。当表达式的值与case后面的常量相等时,就执行对应的程序模块;当所有常量都与表达式的值不等时,则执行otherwise后面的程序模块。

例如,用switch分支结构也可实现百分制考试分数分级,其MATLAB源程序为

```
>>s=input('输入 score=');
>>switch fix(s/10)                    %利用 fix 函数舍去小数部分,取最近整数
    case {10,9}
        rank='A'
    case 8
        rank='B'
    case 7
        rank='C'
    case 6
        rank='D'
    otherwise
        rank='E'
end
```

除了上述几种程序流程控制结构外,MATLAB为实现交互控制程序流程,还提供了continue、break、pause、input、error、disp等命令,大家可通过doc或者help命令查看它们的具体使用方法。

第 2 部分　信号与系统仿真

实验 1　连续信号的分析

一、实验目的

(1)学习使用 MATLAB 产生基本的连续信号、绘制信号波形；

(2)实现信号的基本运算,为信号分析和系统设计奠定基础。

二、实验原理与内容

1. 基本信号的产生

在数学上表示一个函数需要一个自变量和一个应变量,在信号与系统中用一个函数来表示一个信号。对于连续信号,其自变量的取值不是一两个数,而是一个区间内的无穷个数,对应于每一个自变量的取值,函数的应变量都有确定的值与之对应,因此函数的应变量也是无穷多个。严格来说,MATLAB 并不能处理连续信号的无穷多个自变量和应变量,只能用等时间间隔点的样值来近似表示连续信号。当取样时间间隔足够小,取出的样值足够多时,这些离散的样值就能较好地近似于连续信号。因此,在 MATLAB 中用某一区间内一组等间隔的数组成的向量来表示信号自变量的取值,对应自变量向量中每一个值都能根据函数关系求出一个应变量的值,这些应变量的值也组成一个向量,表示连续信号的值。即在 MATLAB 中表示一个信号需要两个向量,一个是自变量的向量,一个是信号的值的向量,一般信号的值的向量由自变量的向量根据函数关系求得。

MATLAB 提供了许多函数用于产生常用的基本信号,如阶跃信号、脉冲信号、指数信号、正弦信号和周期矩形波信号等,这些基本信号是信号处理的基础。程序示例列出了常用信号的 MATLAB 产生命令,并绘制了相应的波形图。

2. 连续信号的基本运算

连续信号的基本运算包括加、减、乘、平移、反褶、尺度变换等。

1)加、减、乘

连续信号的加、减、乘只需要将信号在相同自变量取值上的值进行加、减、乘就可以了。

2)平移

对于连续信号 f(t),若有常数 $t_0>0$,延时信号 $f(t-t_0)$ 是将原信号沿正 t 轴方向平移时间 t_0,而 $f(t+t_0)$ 是将原信号沿负 t 轴方向平移时间 t_0。

3)反褶

连续信号的反褶,是指将信号以纵坐标为对称轴进行反转,经过反褶运算后信号 f(t)变成 f(−t)。

4)尺度变换

连续信号的尺度变换是指将信号的横坐标进行展宽或压缩变换,经过尺度变换后信号 f(t)变为 f(at)。当 a>1 时,信号 f(at)以原点为基准,沿横轴压缩到原来的 1/a;当 0<a<1 时,信号 f(at)以原点为基准,沿横轴展宽至原来的 1/a 倍。

3. 示例程序

实例 1 连续阶跃信号的产生。

阶跃信号 u(t)定义为

$$u(t)=\begin{cases}1 & (t>0)\\0 & (t<0)\end{cases} \tag{2-1}$$

自己编写一个函数文件,用于产生单位阶跃信号 u(t)。前面已经介绍过,函数文件只能被调用,本身不能运行。产生阶跃信号的函数文件如下:

```
function y=u(t)        %以 function 开头的 M 文件就是函数文件
y=(t>0);
end
```

根据阶跃信号的定义,t>0 时括号内的条件成立,返回给 y 的函数值为 1,反之,括号内的条件不成立,返回给 y 的函数值为 0,从而完成单位阶跃信号的产生。

将以上代码输入 M 文件编辑器,保存,默认保存名为“u. m”,然后新建 M 文件,调用它产生一个阶跃信号并画图。

```
clc,clear;                  %清屏
t=-2:0.001:6;               %表示自变量的向量,取值范围为[-2,6],取值间隔为 0.001
x=u(t);                     %调用编好的函数文件产生单位阶跃信号
plot(t,x);                  %画出函数图形
axis([-2,6,0,1.2]);         %规定信号波形图上横坐标和纵坐标的显示范围
title('单位阶跃信号') ;     %给图形加标题
```

运行结果如图 2-1 所示。

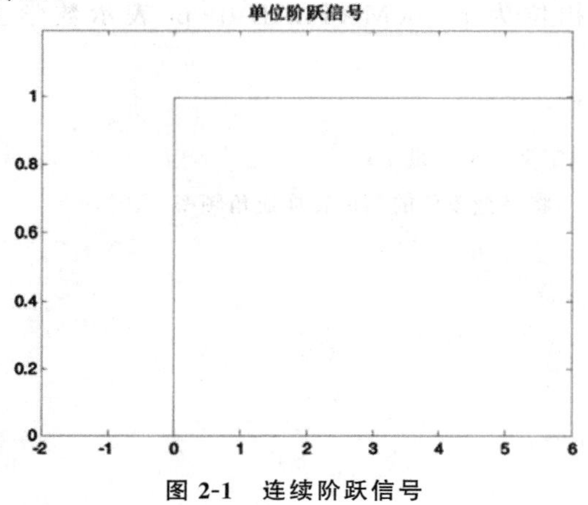

图 2-1 连续阶跃信号

实例 2 连续指数信号的产生。

指数信号的表达式为

$$f(t)=Ke^{at} \tag{2-2}$$

产生随时间衰减的指数信号的 MATLAB 源程序如下：

```
clc,clear;
t=0:0.001:5;
x=2*exp(-t);
plot(t,x);
title('指数信号');
```

运行结果如图 2-2 所示。

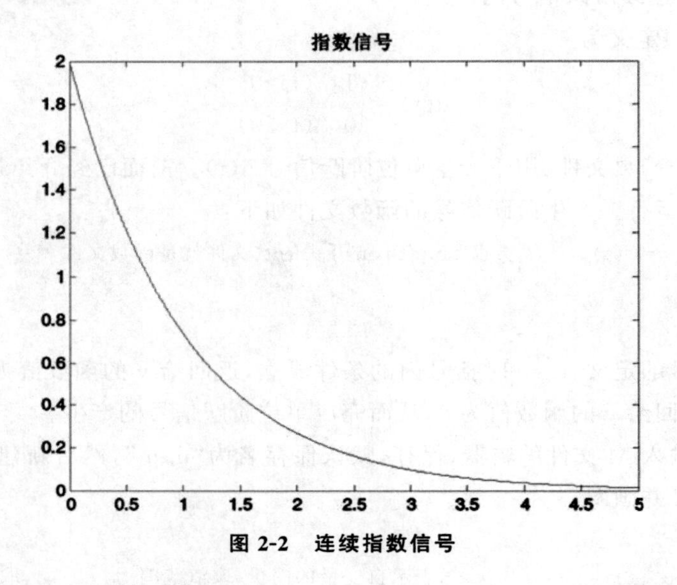

图 2-2 连续指数信号

实例 3 连续正弦信号的产生。

连续正弦信号为

$$f(t)=K\sin(\omega t+\theta) \tag{2-3}$$

利用 MATLAB 提供的函数 cos 和 sin 可产生正弦信号和余弦信号。产生一个幅度为 2、频率为 4 Hz、初始相位为 pi/6（MATLAB 中 pi 表示数学上的 π）的正弦信号的 MATLAB 源程序如下：

```
clc,clear;
f0=4;              %定义一个常量 f0
w0=2*pi*f0;        %将赫兹单位的频率转换成角频率
t=0:0.001:1;
x=2*sin(w0*t+pi/6);
plot(t,x);
title('正弦信号');
```

运行结果如图 2-3 所示。

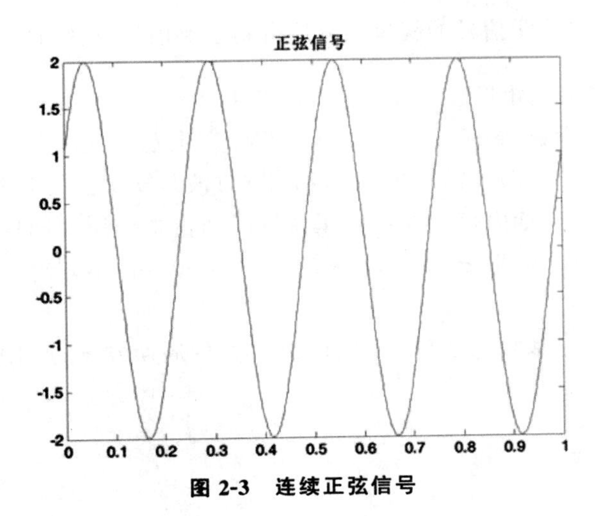

图 2-3　连续正弦信号

实例 4　连续矩形脉冲信号(门信号)的产生。

理论课上定义的门信号为

$$g_{\tau}(t)=\begin{cases}1 & \left(|t|>\dfrac{\tau}{2}\right)\\ 0 & (\text{其他})\end{cases} \tag{2-4}$$

在 MATLAB 中可以用函数 rectpuls(t,w)产生高度为 1、宽度为 w、关于 t=0 对称的门信号。对门信号移位,可以产生普通的矩形信号;将命令中的 t 变为 $t-t_0$($t_0>0$,右移,也称为延时,$t_0<0$,左移,即左加右减),即可产生普通的矩形信号。例如,产生高度为 1、宽度为 4、延时 2 秒的矩形脉冲信号的 MATLAB 源程序如下:

```
clc,clear;
t=-2:0.02:6;
x=rectpuls(t-2,4);
plot(t,x);
axis([-2,6,0,1.2])
title('矩形脉冲');
```

运行结果如图 2-4 所示。

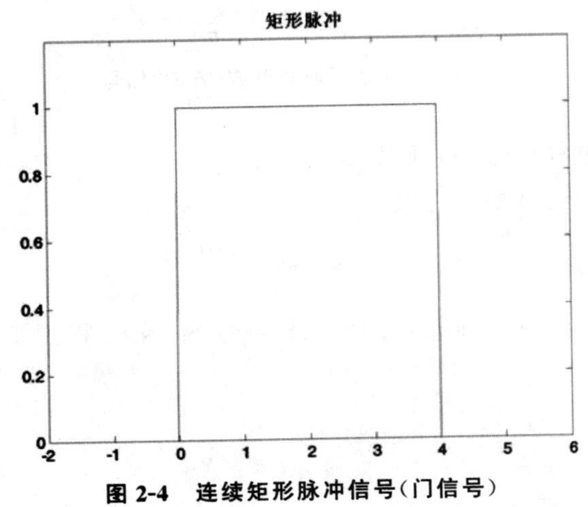

图 2-4　连续矩形脉冲信号(门信号)

也可以用两个单位阶跃信号的移位相减后得到矩形信号或者门信号。

实例 5 连续周期矩形波(方波)信号的产生。

在 MATLAB 中,函数 square(w0 * t, DUTY)产生基本频率为 w0 (周期 T=2 * pi/w0)、占空比 DUTY= (τ/T) * 100 的周期矩形波(方波),默认情况下占空比 DUTY=50。

占空比指的是一个周期内矩形波正电压持续时间占整个周期的比例,即 τ 为一个周期中信号为正的时间长度。如果 τ=T/2,那么 DUTY=50,square(w0 * t, 50)等同于 square(w0 * t)。

产生一个幅度为 1、基频为 2 Hz、占空比为 50%的周期方波的 MATLAB 源程序如下:

```
clc,clear;
f0=2;
t=0:0.001:2.5;
w0=2*pi*f0;
y=square(w0*t,50);      %占空比为50%
plot(t,y);
axis([0,2.5,-1.5,1.5]);
title('周期方波')
```

运行结果如图 2-5 所示。

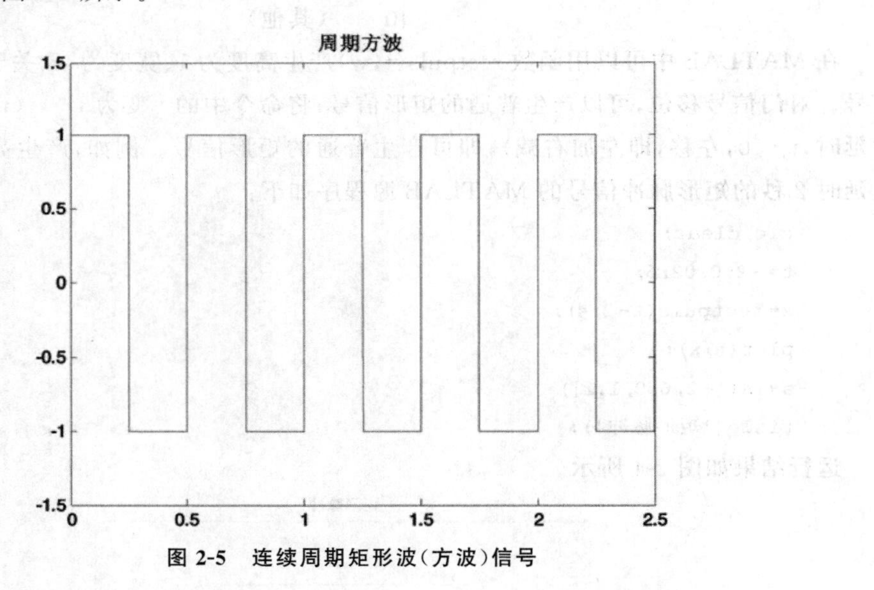

图 2-5 连续周期矩形波(方波)信号

实例 6 连续抽样信号(Sa 函数)的产生。

理论课上抽样信号 Sa 函数的定义为

$$\mathrm{Sa}(t)=\frac{\sin t}{t} \tag{2-5}$$

MATLAB 中有专门的命令 sinc()产生抽样信号 Sa 函数,程序如下:

```
clc,clear;
t=-10:1/500:10;
x=sinc(t/pi);
```

```
plot(t,x);
title('抽样信号');
grid on;            %图形上开网格显示
```

运行结果如图 2-6 所示。

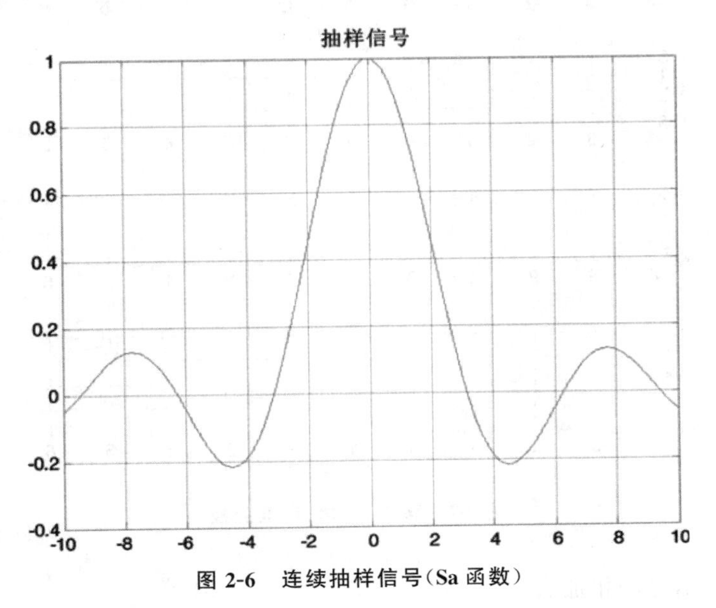

图 2-6 连续抽样信号(Sa 函数)

实例 7 已知一脉宽为 4 的矩形信号 $f(t)=\begin{cases}1 & (-1<t<3)\\0 & (其他)\end{cases}$,用 MATLAB 分别画出移位 t_0 个单位的信号 $f(t-t_0)(t_0=2)$、反褶后的信号 $f(-t)$、尺度变换后的信号 $f(at)(a=1/2)$。

先写一个函数文件表示矩形信号 f(t),在这个函数文件里面还可以调用之前编好的函数文件 u.m,程序如下:

```
function y=f(t)
y=u(t+1)-u(t-3);          %用两个单位阶跃信号的移位相减来产生矩形信号
```

保存为 f.m,然后新建 M 文件调用它,画出 f(t)平移、反褶、尺度变换以后的信号波形图,程序如下:

```
clc,clear;
t=linspace(-4,7,10000);              %另一种产生等间隔自变量样点的方法
subplot(4,1,1);                      %划分子图,子图呈四行一列分布,画子图 1
plot(t,f(t));                        %调用之前编好的函数文件 f.m
grid on;                             %开网格显示
xlabel('x'),ylabel('f(t)');          %x 轴、y 轴标注
axis([-4,7,-0.5,1.5]);
subplot(4,1,2),plot(t,f(t-2)),grid on;             %画子图 2
xlabel('x'),ylabel('f(t-2)'); axis([-4,7,-0.5,1.5]);
subplot(4,1,3),plot(t,f(-t)),grid on;              %画子图 3
xlabel('x'),ylabel('f(-t)'); axis([-4,7,-0.5,1.5]);
subplot(4,1,4),plot(t,f(1/2*t)),grid on;           %画子图 4
xlabel('x'),ylabel('f(1/2*t)'); axis([-4,7,-0.5,1.5]);
```

运行结果如图 2-7 所示。

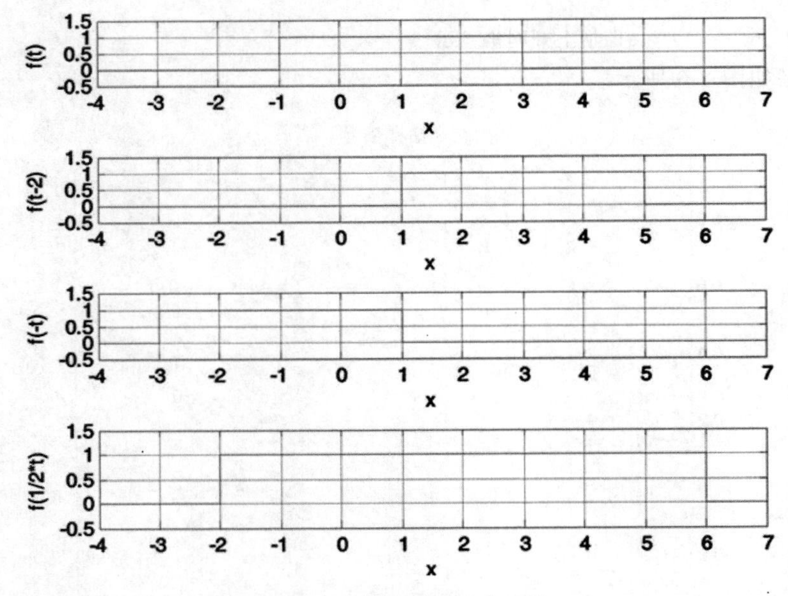

图 2-7 移位、反褶、尺度变换

实例 8 信号的相加。

已知 $f_0(t)=2$，$f_1(t)=\sin(\omega_0 t)$，$f_2(t)=\sin(3\omega_0 t)$，$f_3(t)=\sin(5\omega_0 t)$，$\omega_0=2\pi$，$t\in[-3,3]$，求 $y(t)=f_0(t)+f_1(t)+f_2(t)+f_3(t)$，并画出各自的波形图。

MATLAB 源程序如下：

```
clc,clear;
t=linspace(-3,3,1000);
w0=2*pi;
f0=2*ones(1,length(t));
f1=sin(w0*t);
f2=sin(3*w0*t);
f3=sin(5*w0*t);
y=f0+f1+f2+f3;                %信号相加
%画图
subplot(5,1,1),plot(t,f0),axis([-3,3,0,3]);grid on;ylabel('f0');
subplot(5,1,2),plot(t,f1),axis([-3,3,-1,2]);grid on;ylabel('f1');
subplot(5,1,3),plot(t,f2),axis([-3,3,-1,2]);grid on;ylabel('f2');
subplot(5,1,4),plot(t,f3),axis([-3,3,-1,2]);grid on;ylabel('f3');
subplot(5,1,5),plot(t,y,'r');       %'r'指定图形线条颜色为红色
grid on; axis([-3,3,-1,5]);ylabel('y');
```

运行结果如图 2-8 所示。

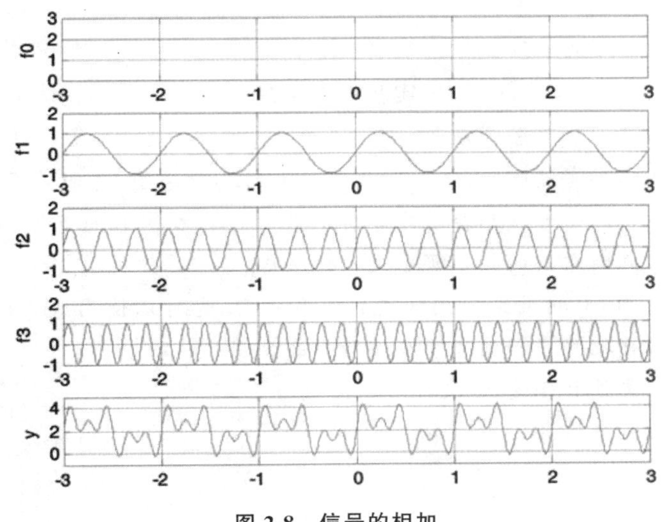

图 2-8 信号的相加

思考题

(1)用 MATLAB 编程，产生一个正弦信号 $f(t)=K\sin(2\pi ft+\theta)$，其中 $K=2, f=5\ \text{Hz}, \theta=\frac{\pi}{3}$，并画出其波形。

(2)用 MATLAB 编程，产生信号 $f(t)=\begin{cases}1 & (-2<t<2)\\ 0 & (\text{其他})\end{cases}$，并画出其波形(用至少两种方法实现)。

(3)分别画出思考题(2)中 $f(t)$ 移位 t_0 个单位的信号 $f(t-t_0)(t_0=3)$、反褶后的信号 $f(-t)$、尺度变换后的信号 $f(at)(a=3)$。

扩展题

(1)信号 $f(t)$ 的波形如图 2-9 所示，编写函数文件表示该信号，并调用该函数文件画出信号的波形图。

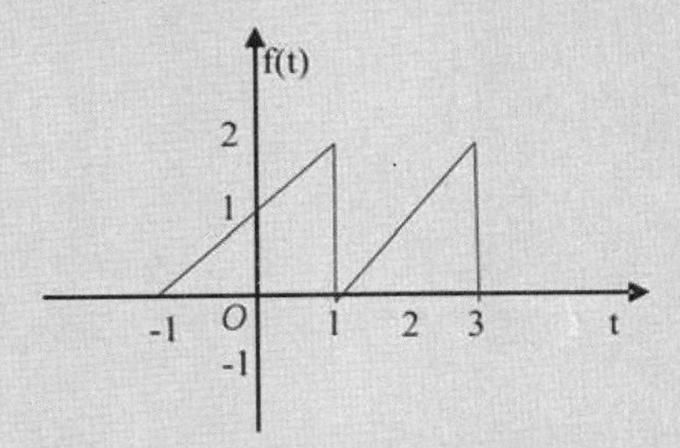

图 2-9 信号 f(t)的波形

(2)对扩展题(1)中的信号 $f(t)$ 进行以下基本运算，并画出运算后的波形图：

①$f(1-t)$　　②$f(2t+2)$

③$f(2-t/3)$　　④$[f(t)+f(2-t)]\cdot U(1-t)$

实验报告要求

(1)简述实验目的和实验原理。

(2)整理并给出思考题(1)、(2)、(3)的程序和仿真结果图,并回答下面的问题:当改变正弦信号的频率时,信号波形会发生怎样的改变?在相同时间范围内给出两个正弦信号的波形,如何判断它们的频率哪个大?哪个小?

(3)如学有余力,对扩展试验内容进行编程仿真,也可以使用MATLAB验证书上的部分课后习题,并把程序和结果写在实验报告上。

(4)阐述函数文件和普通M文件的不同点。

(5)总结实验心得体会。

实验 2 连续系统的频域分析

一、实验目的

(1)理解周期信号的傅里叶分解,掌握傅里叶系数的计算方法;

(2)深刻理解和掌握非周期信号的傅里叶变换及其计算方法;

(3)熟悉傅里叶变换的性质,并能应用其性质实现信号的幅度调制;

(4)理解连续系统的频域分析原理和方法,掌握连续系统的频率响应求解方法,并画出相应的幅频、相频响应曲线。

二、实验原理与内容

理论课上已经学习过,复指数信号经过 LTI 系统后还是相同形式的复指数信号,因此,如果可以将任意信号分解成复指数信号的线性组合,可以很容易求出该信号经过 LTI 系统后产生的输出信号。又根据欧拉公式,复指数函数实际上可以由正弦函数组合而成,因此,从数学上的傅里叶级数公式入手,最后可以推导出将满足条件的普通信号分解成复指数信号的工具,就是所要学习的傅里叶变换。将信号进行傅里叶变换后再进行分析,称为信号与系统的频域分析法。

1. 周期信号的傅里叶分解

设有连续时间周期信号 f(t),它的周期为 T,角频率 $\omega=2\pi f=\frac{2\pi}{T}$,且满足狄里赫利条件,则该周期信号可以展开成傅里叶级数,即可表示为一系列不同频率的正弦或复指数信号之和。

傅里叶级数有三角形式和指数形式两种。

(1)三角形式的傅里叶级数为

$$\begin{aligned}f(t) &= \frac{a_0}{2} + a_1\cos(\omega t) + a_2\cos(2\omega t) + \cdots + b_1\sin(\omega t) + b_2\sin(2\omega t) + \cdots \\ &= \frac{a_0}{2} + \sum_{n=1}^{\infty} a_n\cos(n\omega t) + \sum_{n=0}^{\infty} b_n\sin(n\omega t)\end{aligned} \tag{2-6}$$

式中,系数 a_n,b_n 称为傅里叶系数,可由下式求得,即

$$a_n = \frac{2}{T}\int_{-\frac{T}{2}}^{\frac{T}{2}} f(t)\cos(n\omega t)dt, \quad b_n = \frac{2}{T}\int_{-\frac{T}{2}}^{\frac{T}{2}} f(t)\sin(n\omega t)dt \tag{2-7}$$

(2) 指数形式的傅里叶级数为

$$f(t) = \sum_{n=-\infty}^{\infty} F_n e^{jn\omega t} \tag{2-8}$$

式中,系数 F_n 称为傅里叶复系数,可由下式求得,即

$$F_n = \frac{1}{T}\int_{-\frac{T}{2}}^{\frac{T}{2}} f(t)e^{-jn\omega t}dt \tag{2-9}$$

周期信号的傅里叶分解用MATLAB进行计算时，本质上是对信号进行数值积分运算。MATLAB中进行数值积分运算的函数有quad函数和int函数，其中int函数主要用于符号运算，而quad函数（包括quad8，quadl）可以直接对信号进行积分运算。因此，利用MATLAB进行周期信号的傅里叶分解，可以直接对信号进行运算，也可以采用符号运算方法。quadl函数（quad系）的调用形式为y=quadl('func',a,b)或y=quadl(@myfun,a,b)，其中func是一个字符串，表示被积函数的.m文件名（函数名），a，b分别表示定积分的下限和上限。第二种调用方式中“@”符号表示取函数的句柄，“myfun”表示所定义的函数的文件名。

2. 周期信号的频谱

周期信号经过傅里叶级数分解后可表示为一系列正弦或复指数信号之和。为了直观地表示信号所含各分量的振幅，以频率（或角频率）为横坐标，以各谐波的振幅或虚指数函数的幅度为纵坐标，可画出幅度-频率关系图，称为幅度频谱或幅度谱。类似地，可画出各谐波初相角与频率的关系图，称为相位频谱或相位谱。

在计算出周期信号的傅里叶分解系数后，就可以直接求出周期信号的频谱并画出其频谱图。

3. 非周期信号的傅里叶变换和性质

非周期信号的傅里叶变换定义为

$$F(j\omega)=\int_{-\infty}^{+\infty} f(t)e^{-j\omega t}d\omega \tag{2-10}$$

$$f(t)=\frac{1}{2\pi}\int_{-\infty}^{+\infty} F(j\omega)e^{j\omega t}d\omega \tag{2-11}$$

$F(j\omega)$称为频谱密度函数，一般是复函数，需要用幅度谱和相位谱两个图形才能将它完全表示出来。

MATLAB中提供了直接求解信号的傅里叶变换和逆变换的函数fourier()和ifourier()。这两个函数采用符号运算方法，在调用之前要用syms命令对所用到的变量进行说明，返回的同样是符号表达式。具体调用格式见程序示例。

傅里叶变换具有很多性质，如线性、奇偶性、对称性、尺度变换、时移特性、频移特性、卷积定理、时域微分和积分、频域微分和积分、能量谱和功率谱等。其中频移特性在各类电子系统中应用广泛，如调幅、同步解调等都是在频谱搬移的基础上实现的。频谱搬移原理图如图2-10所示。

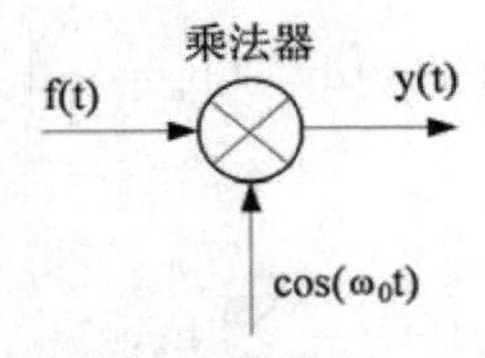

图 2-10 频谱搬移原理图

频谱搬移原理是将信号f(t)（常称为调制信号）乘以所谓的载频信号$\cos(\omega_0 t)$或$\sin(\omega_0 t)$，得到高频已调信号y(t)。显然，若信号f(t)的频谱为$F(j\omega)$，则根据傅里叶变换

的频移性质，高频已调信号的频谱函数为

$$y(t)=f(t)\cos(\omega_0 t)\leftrightarrow\frac{1}{2}F[j(\omega+\omega_0)]+\frac{1}{2}F[j(\omega-\omega_0)] \tag{2-12}$$

$$y(t)=f(t)\sin(\omega_0 t)\leftrightarrow\frac{1}{2}jF[j(\omega+\omega_0)]-\frac{1}{2}jF[j(\omega-\omega_0)] \tag{2-13}$$

可见，当用某低频信号 f(t)去调制角频率为 ω_0 的余弦(或正弦)信号时，已调信号的频谱使包络线 f(t)的频谱 F(jω)一分为二，分别向左和向右搬移 ω_0，在搬移过程中幅度谱的形式并未改变。MATLAB 中提供了专门的函数 modulate()，用于实现信号的调制，其调用形式为 y=modulate(x,Fc,Fs,'method')，其中 x 为被调信号，Fc 为载波频率，Fs 为信号 x 的采样频率，method 为所采用的调制方式。要实现信号的调制，也可以利用 MATLAB 直接求解被调信号的傅里叶变换。

4. 连续系统的频域分析和频率响应

设线性时不变(LTI)系统的冲击响应为 h(t)，该系统的输入(激励)信号为 f(t)，则此系统的零状态输出(响应)y(t)可以写成卷积的形式：y(t)=h(t)f(t)。设 f(t)，h(t)和 y(t)的傅里叶变换分别为 F(jω)，H(jω)和 Y(jω)，则它们之间存在的关系为 Y(jω)=F(jω)H(jω)，反映了系统的输入和输出在频域上的关系。这种利用频域函数分析系统问题的方法常称为系统的频域分析法。

函数 H(jω)反映了系统的频域特性，称为系统的频率响应函数(有时也称为系统函数)，可定义为系统响应(零状态响应)的傅里叶变换与激励的傅里叶变换之比，即

$$H(j\omega)=\frac{Y(j\omega)}{F(j\omega)} \tag{2-14}$$

函数 H(jω)是频率(角频率)的复函数，可写为

$$H(j\omega)=|H(j\omega)|e^{j\varphi(\omega)} \tag{2-15}$$

其中，$|H(j\omega)|=\dfrac{|Y(j\omega)|}{|F(j\omega)|}$，$\varphi(\omega)=\theta_y(\omega)-\theta_f(\omega)$。可见：|H(jω)|是角频率为 ω 的输出与输入信号幅度之比，称为幅频特性(或幅频响应)；φ(ω)是输出与输入信号的相位差，称为相频特性(或相频响应)。

MATLAB 工具箱中提供的 freqs 函数可直接计算系统的频率响应，其调用形式为 H=freqs(b,a,w)。其中：b 为系统频率响应函数有理多项式中分子多项式的系数向量，或者说系统微分方程右边激励的系数；a 为系统频率响应函数有理多项式中分母多项式的系数向量，或者说系统微分方程左边激励的系数；w 为需计算的系统频率响应的频率抽样点向量。

5. 示例程序

实例 9 给定一个周期为 4、脉冲宽度为 2、幅值为 0.5 的矩形脉冲信号，用 MATLAB 计算其傅里叶级数，绘出幅度谱和相位谱，然后将求得的系数代入公式 $f(t)=\sum_{n=-N}^{N}F_N e^{jn\omega_0 t}$，求出 f(t) 的近似值，画出 N=10 时的合成波形。

MATLAB 源程序如下：

```
clc,clear;
T=4;                                %信号周期
width=2;                            %一个周期内矩形的宽度
A=0.5;                              %周期矩形信号的幅度
t1=-T/2:0.001:T/2;                  % 一个周期内自变量的取值向量,t1 为 (-T/2,T/2)
ft1=0.5*[abs(t1)<width/2];          %一个周期内信号的值向量,在|t1|<(width/2)内,
                                    ft1 的幅值为 0.5
t2=[t1-2*T  t1-T  t1  t1+T  t1+2*T];   %一个周期的自变量向量左右各复制两次
ft=repmat(ft1,1,5);                 %一个周期的信号值向量左右各复制两次,共组成 5 个
                                    周期的周期矩形信号
subplot(4,1,1);                     %画原始周期信号时域波形图
plot(t2,ft);
axis([-8,8,0,0.8])
xlabel('t');
ylabel('时域波形');
grid on;
w0=2*pi/T;                          %基波频率
N=10;
K=0:N;
for k=0:N          %傅里叶系数的计算  Fn = 1/T ∫_{-T/2}^{T/2} f(t) e^{-jnωt} dt
  factor=['exp(-j*t*',num2str(w0),'*',num2str(k),')'];
  f_t=[num2str(A),'*rectpuls(t,2)'];        %rectpuls(T,W)产生宽度为 W 的方波
  Fn(k+1)=quad([f_t,'.*',factor],-T/2,T/2)/T;    %quad 积分
end
subplot(4,1,2);                     %画幅度谱
stem(K*w0,abs(Fn));
xlabel('nw0');
ylabel('幅度谱');
grid on;
ph=angle(Fn);                       %画相位谱
subplot(4,1,3);
stem(K*w0,ph);
xlabel('nw0');
ylabel('相位谱');
grid on;
t=-2*T:0.01:2*T;                    %利用傅里叶级数合成时域信号
K=[0:N];
ft = Fn*exp(j*w0*K*t);              %f(t) = Σ_{n=-∞}^{∞} Fn e^{jnωt}
subplot(4,1,4);                     %画合成的信号波形
```

```
plot(t,ft);
ylabel('合成波形');
grid on;
```

运行结果如图 2-11 所示。

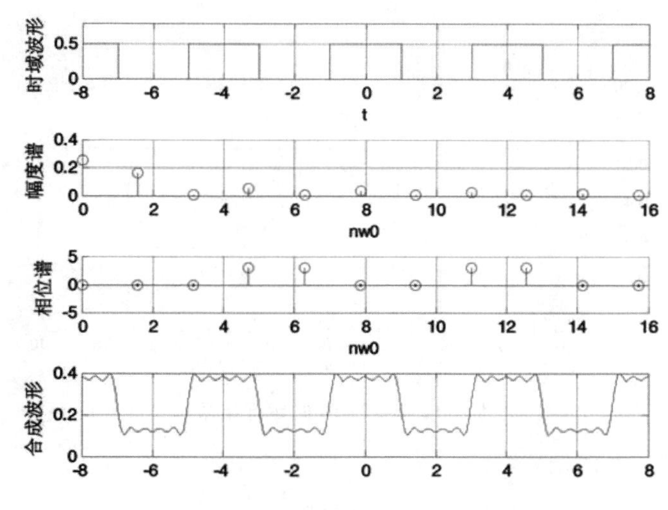

图 2-11 实例 9 的运行结果

实例 10 求单边指数函数 $f(t)=e^{-2t}\varepsilon(t)$的傅里叶变换，并画出其幅频特性和相频特性图。

直接用 MATLAB 提供的函数 fourier()，该函数是符号运算函数，因此，在调用 fourier()和 ifourier()之前，需用 syms 命令对所用到的变量(如 t,u,v,w)作说明。MATLAB 源程序如下：

```
clc,clear;
syms  t w f;
f=exp(-2*t)*sym('Heaviside(t)');
F=fourier(f)
subplot(2,1,1);ezplot(f,[0:2,0:1.2]);
subplot(2,1,2);ezplot(abs(F),[-10:10]);  %abs()对于复数取模值,对于实数取绝
                                          对值
title('幅度谱')
```

运行结果如图 2-12 所示。

实例 11 求 $F(j\omega)=\dfrac{1}{1+\omega^2}$的傅里叶逆变换 f(t)。

MATLAB 源程序如下：

```
clc,clear;
syms  t  w ;
F=1/(1+w^2);
f=ifourier(F,w,t)          %求傅里叶逆变换,程序最后没有加分号,可以在命令窗口中查看
                            逆变换以后的表达式
ezplot(f)          %符号函数简易绘图函数
```

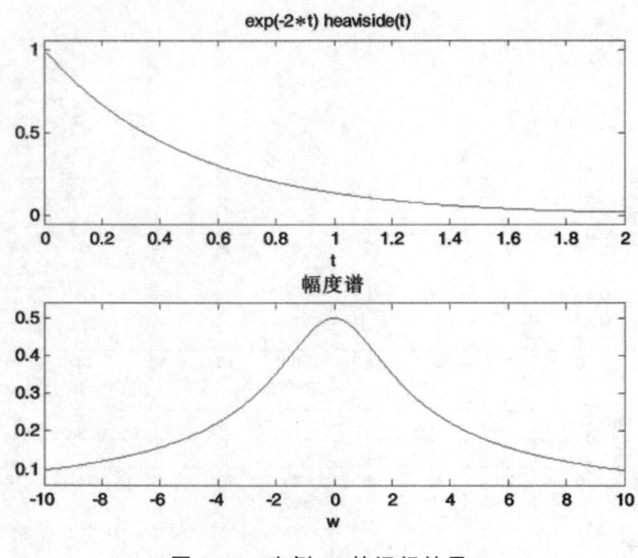

图 2-12 实例 10 的运行结果

运行结果如图 2-13 所示。

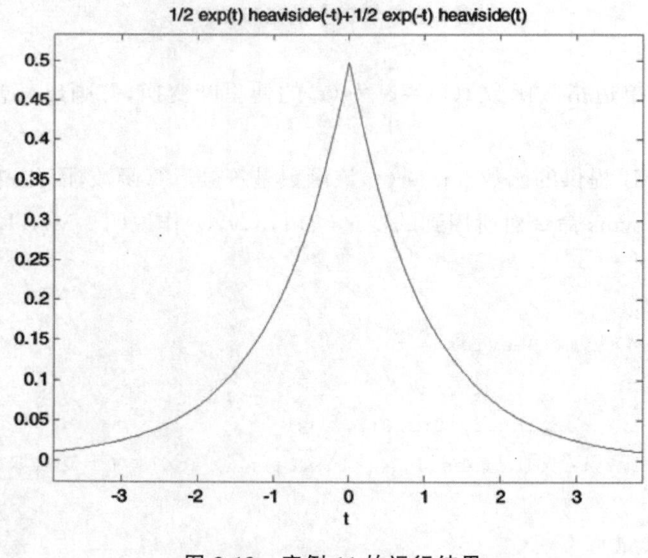

图 2-13 实例 11 的运行结果

注意：

采用 fourier()和 ifourier()得到的返回函数仍然是符号表达式。若需要对返回函数作图，则应用 ezplot()绘图命令，而不能用 plot()命令；如果返回函数中有诸如狄拉克函数（冲击函数）$\delta(\omega)$等项，则用 ezplot()也无法作图。用 fourier()对某些信号求变换时，其返回函数可能会包含一些不能直接表达的式子，甚至可能会出现一些屏幕提示“未被定义的函数或变量”的项，更不用说对此返回函数作图了，这是 fourier()的一个局限。另一个局限是在很多场合原信号 f(t)尽管是连续的，却不可能表示成符号表达式，而更多的实际测量现场获得的信号是多组离散的数值量 f(n)，此时也不可能应用 fourier()对 f(n)进行处理，而只能用下面介绍的数值计算方法求解。

实例 12 傅里叶变换的数值计算方法。

为了更好地体会 MATLAB 的数值计算功能，特别是强大的矩阵运算能力，这里给出连续信号傅里叶变换的数值计算方法。该方法的理论依据为

$$F(j\omega)=\int_{-\infty}^{\infty} f(t)e^{-j\omega t}dt=\lim_{T\to 0}\sum_{n=-\infty}^{\infty} f(nT)e^{-j\omega nT}T \tag{2-16}$$

对于一大类信号，当 T 足够小时，式(2-16) 的近似情况可以满足实际需要。若信号 f(t) 是时限的，或当 $|t|$ 大于某个给定值时，f(t) 的值已经衰减得很厉害，可以近似看成时限信号，则式(2-16) 中 n 的取值就是有限的，设为 N，有

$$F(k)=T\sum_{n=-\infty}^{N-1} f(nT)e^{-j\omega_k nT},\quad 0\leqslant k\leqslant N-1 \tag{2-17}$$

式(2-17) 是对式(2-16) 中的频率 ω 进行取样，通常有

$$\omega_k=\frac{2\pi}{NT}k \tag{2-18}$$

采用 MATLAB 实现式(2-17)时，其要点是正确生成 f(t)的 N 个样本值 f(nT)的向量 f 及向量 $e^{-j\omega_k nT}$，两向量的内积(即两矩阵相乘)的结果即式(2-17)的计算结果。

此外，还要注意取样间隔 T 的确定，其依据是 T 需小于奈奎斯特取样间隔。如果对于某个信号 f(t)，它不是严格的带限信号，则可根据实际计算的精度要求来确定一个适当的频率 ω_0 为信号的带宽。

以下实例为用数值计算方法计算矩形信号 $f(t)=\begin{cases}1 & (|t|<1)\\ 0 & (\text{其他})\end{cases}$ 的傅里叶变换，并验证傅里叶变换的时频展缩特性。

MATLAB 源程序如下：

```
clc,clear;
T=0.01;
t=-2:T:2;
f=u(t+1)-u(t-1);              %f 函数
w1=2*pi*(1/T);
N=1000;
k=-N:N;
wk=k*w1/N;                          %采样点为 N,w 为频率轴采样点
F=f*exp(-j*t'*wk)*T;                     %求 F(jw),为向量内积相乘
F=real(F);                           %取结果的实部
subplot(2,2,1);plot(t,f);xlabel('t');ylabel('f(t)');grid on;axis([-2,2,0,1.2]);
subplot(2,2,3);plot(w,F);xlabel('w');ylabel('F(jw)');grid on;axis([-40,40,
-0.5,2]);
%尺度变换
sf=u(2*t+1)-u(2*t-1);                    %f(t)缩小为原来的 1/2
w1=40;N=1000;
```

```
k=-N:N;
wk=k*w1/N;                              %采样点为N,w为频率正半轴采样点
SF=sf*exp(-j*t'*wk)*T;                  %求F(jw),为向量内积相乘
SF=real(SF);                            %取结果的实部
subplot(2,2,2);plot(t,sf);xlabel('t');ylabel('sf(t)');grid on;axis([-2,2,0,
1.2]);
subplot(2,2,4);plot(w,SF);xlabel('w');ylabel('SF(jw)');grid on;axis([-40,
40,-0.5,2]);
```

运行结果如图2-14所示。

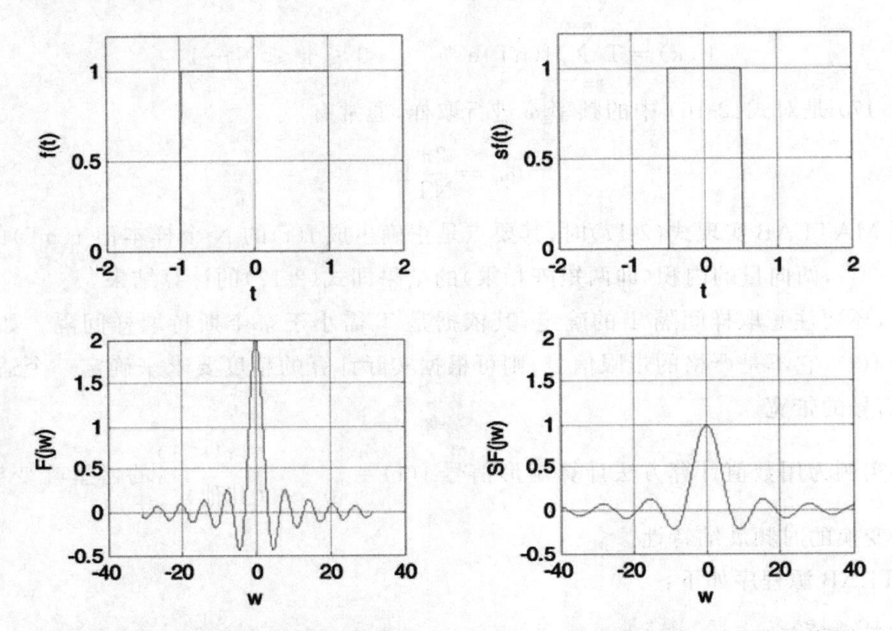

(a)原始信号及其傅里叶变换的频谱图　　(b)尺度变换后(2t)及其频谱图

图2-14　实例12的运行结果

用实例12中的信号 $f(t)=\begin{cases}1 & (|t|<1)\\0 & (其他)\end{cases}$ 与余弦信号 $\cos(10\pi t)$ 进行相乘,观察信号的频谱搬移(调制)。

MATLAB源程序如下:

```
clc,clear;
T=0.01;
t=-2:T:2;
f=u(t+1)-u(t-1);                         %f函数
w1=40;
N=1000;
k=-N:N;
w=k*w1/N;
mf=f.*cos(10*pi*t);                      %mf为已调信号
```

```
subplot(4,1,1);plot(t,f);ylabel('f(t)');grid on;
subplot(4,1,2);plot(t,cos(10*pi*t));ylabel('cos(10*pi*t)');grid on;
subplot(4,1,3);plot(t,mf);ylabel('已调信号');grid on;
MF=mf*exp(-j*t'*w)*R;MF=real(MF);     %已调信号的傅里叶变换
subplot(4,1,4);plot(w,MF);xlabel('w');ylabel('MF(jw)');grid on;
```

运行结果如图 2-15 所示。

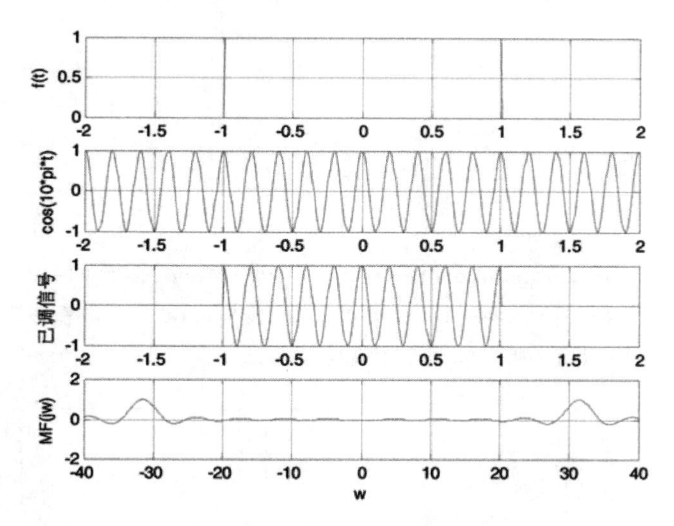

图 2-15　信号调制及其频谱图

从图 2-15 中可以看出，信号调制后其频谱分别向左和向右搬移了$\pm 10\pi$，而其幅度谱的形状并未改变。

求下列微分方程所描述系统的频率响应 $H(j\omega)$，并画出其幅频、相频响应曲线：

$$y''(t)+5y'(t)+6y(t)=f'(t)+4f(t)$$

求 LTI 系统的频率响应，可以直接调用 MATLAB 中的函数 freqs()，其调用方式有四种：

(1)

```
H=freqs(b,a,w1:dw:w2)
```

采用该调用方式，可求得指定频率范围(w1～w2)内相应频点处系统频率响应的样值，其中 w1，w2 分别为频率起始值和终止值，dw 为频率取样间隔。

(2)

```
[H,w]=freqs(b,a)
```

采用该调用方式，将计算默认频率范围内 200 个频点处系统频率响应的样值，并赋值给返回向量 H，200 个频点则记录在向量 w 中。

(3)

```
H=freqs(b,a,w)
```

采用该调用方式，将计算默认 w 表示的频率范围内 n 个频点处系统频率响应的样值，并赋值给返回向量 H，n 为 w 中取样值的个数。

(4)

```
freqs(b,a)
```

采用该调用方式，将绘出系统的幅频特性和相频特性曲线。其中：b 为系统频率响应函数有理多项式中分子多项式的系数向量，或者说系统微分方程右边激励的系数；a 为系统频率响应函数有理多项式中分母多项式的系数向量，或者说系统微分方程左边激励的系数。

采用第三种调用方式，分别画出频率响应的幅度响应和相位响应，MATLAB 源程序如下：

```
clc,clear;
b=[1 4];a=[1 5 6];
w=linspace(0,5,200);
H=freqs(b,a,w);
figure(1);
subplot(2,1,1);plot(w,abs(H));xlabel('w');ylabel('幅频特性');grid on;
subplot(2,1,2);plot(w,angle(H));xlabel('w');ylabel('相频特性');grid on;
```

运行结果如图 2-16 所示(幅频特性和相频特性)。

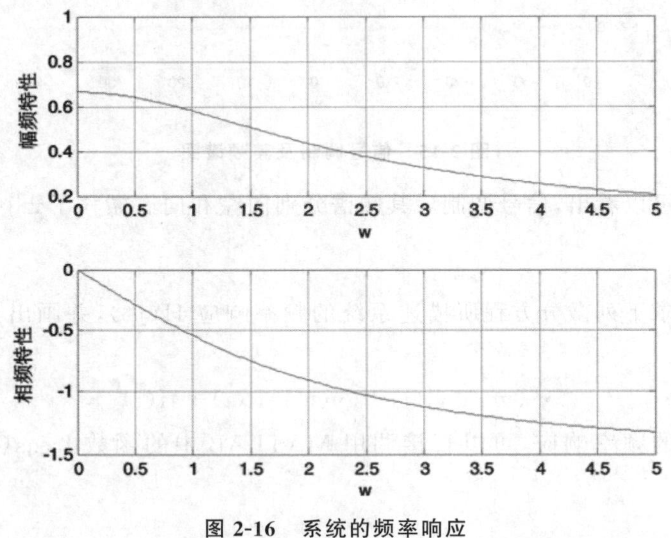

图 2-16　系统的频率响应

思考题

(1)求下列信号的傅里叶变换表达式并画图：

①$f_1(t)=U(t)-U(t-1)$　　　　②$f_2(t)=e^{-2|t|}$

(2)求 $F(j\omega)=2Sa(\omega)$ 的傅里叶逆变换表达式并画图。

(3)求下列微分方程所描述系统的频率响应，并分别画出幅频、相频响应曲线：

$$y''(t)+3y'(t)+2y(t)=f'(t)$$

扩展题

(1)以实例 9 中的周期性矩形脉冲为基础,改变周期 T 和脉冲宽度 τ 的取值,观察周期与频谱、脉冲宽度与频谱的关系。

(2)改变实例 9 中合成原始波形时的 N 值,看 N 值的大小对合成波形与原始波形相似度的影响。

(3)求下列信号的傅里叶变换表达式:

①$U(t/2-1)$　　②$U(t)-U(t-1)$

(4)已知某 RLC 二阶低通滤波器,该电路的频率响应为

$$H(j\omega)=\frac{1}{0.08(j\omega)^2+0.4(j\omega)+1}$$

试用函数 freqs()画出该频率响应的幅度特性和相位特性。

实验报告要求

(1)简述实验目的和实验原理。

(2)整理思考题(1)、(2)的程序,打印运行结果的图形,并写出图形的表达式,与理论值进行比较。

(3)整理思考题(3)的程序,打印运行结果的图形,试回答该系统是一个什么系统。

(4)运行实例 12,改变矩形信号的宽度,观察时域内信号的宽度与频谱宽度的关系;思考当矩形信号宽度趋于 0 时,其频谱图形将如何变化。

(5)如学有余力,完成扩展题并对结果进行分析。

(6)总结实验心得体会。

实验3 连续信号的采样与恢复

一、实验目的

(1)加深理解采样对信号的时域和频域特性的影响；
(2)加深对采样定理的理解和掌握,理解信号恢复的必要性；
(3)掌握对连续信号在时域内的采样与重构的方法。

二、实验原理与内容

1. 信号的采样

信号采样原理图如图2-17所示,其数学模型为

$$f_s(t)=f(t)\times\delta_{T_s}(t)=\sum_{n=-\infty}^{\infty}f(nT_s)\delta(t-nT_s) \tag{2-19}$$

式中:$f(t)$为原始信号;$\delta_{T_s}(t)$为理想的开关信号(冲激采样信号),$\delta_{T_s}(t)=\sum_{n=-\infty}^{\infty}\delta(t-nT_s)$;$f_s(t)$为采样后得到的信号,称为采样信号。由此可见,采样信号在时域内表示为无穷多冲激函数的线性组合,其权值为原始信号在对应采样时刻的定义值。

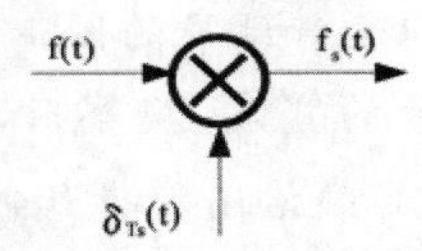

图2-17 信号采样原理图

令原始信号$f(t)$的傅里叶变换为$F(e^{j\omega})=FT[f(t)]$,则采样信号$f_s(t)$的傅里叶变换为$F_s(e^{j\omega})=FT[f_s(t)]=\frac{1}{T_s}\sum_{n=-\infty}^{\infty}F[j(\omega-\omega_s)]$。由此可见,采样信号$f_s(t)$的频谱就是将原始信号$f(t)$的频谱在频率轴上以$\omega_s$为周期进行周期延拓后的结果(幅度为原频谱的$1/T_s$)。如果原始信号为有限带宽信号[即当$|\omega|>|\omega_m|$时,有$F(e^{j\omega})=0$],则有取样频率$\omega_s\geqslant 2\omega_m$时,频谱不发生混叠,否则会出现频谱混叠。

2. 信号的重构

设信号$f(t)$采样后形成的采样信号为$f_s(t)$,信号的重构是指由$f_s(t)$经过内插处理后,恢复出原来的信号$f(t)$的过程,因此又称为信号恢复。

由前面的介绍可知,在采样频率$\omega_s\geqslant 2\omega_m$的条件下,采样信号的频谱$F_s(e^{j\omega})$是以$\omega_s$为周期的谱线。选择一个理想低通滤波器,使其频率特性$H(j\omega)$满足

$$H(j\omega)=\begin{cases}T_s & (|\omega|\leqslant\omega_c)\\0 & (|\omega|>\omega_c)\end{cases} \tag{2-20}$$

式中,ω_c称为滤波器的截止频率,满足$\omega_m\leqslant\omega_c\leqslant\omega_s/2$。将采样信号通过选择的理想低通滤波器,输出信号的频谱将与原始信号的频谱相同。根据信号的时域表示与频率表示的一一

对应关系可得，经过理想低通滤波器还原得到的信号即为原始信号本身。信号重构原理图如图 2-18 所示。

$F_s(j\omega)$ → 低通滤波器 → $F(j\omega)$

图 2-18　信号重构原理图

通过以上分析，得到如下的时域采样定理：一个带宽为 ω_m 的带限信号 $f(t)$，可唯一地由它的均匀取样信号 $f_s(nT_s)$ 确定，其中取样间隔 $T_s < \pi/\omega_m$，该取样间隔又称为奈奎斯特间隔。

根据时域卷积定理，求出信号重构的数学表达式为

$$\begin{aligned} f(t) &= \mathrm{IFT}[F_s(j\omega)] \times \mathrm{IFT}[H(j\omega)] \\ &= f_s(t) \times T_s \frac{\omega_c}{\pi} \mathrm{Sa}(\omega_c t) \\ &= \frac{T_s \omega_c}{\pi} \sum_{n=-\infty}^{\infty} f(nT_s) \mathrm{Sa}[\omega_c(t - nT_s)] \end{aligned} \tag{2-21}$$

式中，抽样函数 $\mathrm{Sa}(\omega_c t)$ 起着内插函数的作用，信号的恢复可以视为将抽样函数进行不同时刻移位后加权求和的结果，其加权的权值为采样信号在相应时刻的定义值。利用 MATLAB 中的抽样函数 $\mathrm{Sinc}(t)=\sin(\pi t)/(\pi t)$ 来表示 $\mathrm{Sa}(t)$，有 $\mathrm{Sa}(t)=\mathrm{Sinc}(t/\pi)$，于是信号重构的内插公式可表示为

$$f(t) = \frac{T_s \omega_c}{\pi} \sum_{n=-\infty}^{\infty} f(nT_s) \mathrm{Sinc}\left[\frac{\omega_c}{\pi}(t - nT_s)\right] \tag{2-22}$$

3. 模拟低通滤波器的设计

在任何滤波器的设计中，第一步是确定滤波器阶数 N 及适当的截止频率 Ω_c。对于巴特沃斯滤波器，可使用 MATLAB 中的 buttord 命令来确定这些参数，设计滤波器的函数为 butter，其调用格式为

```
[N,wn]=buttord(wp,ws,rp,rs,'s')
[b,a]=butter[N,wn,'s']
```

其中：w_p，w_s，r_p，r_s 为设计滤波器的技术指标——通带截止频率、阻带截止频率、通带最大衰减和阻带最小衰减；'s'表示设计滤波器的类型为模拟滤波器；N，w_n 为设计得到的滤波器的阶数和 3 dB 截止频率；b，a 为滤波器系统函数的分子和分母多项式的系数向量。假定系统函数的有理分式表示为

$$H(s)=\frac{B(s)}{A(s)}=\frac{b(1)s^n+b(2)s^{n-1}+\cdots+b(n+1)}{s^n+a(2)s^{n-1}+\cdots+a(n+1)} \tag{2-23}$$

4. 程序示例

实例 15　选取门信号 $f(t)=g_2(t)$ 作为被采样信号，利用 MATLAB 实现对信号 $f(t)$ 的采样，显示原始信号与采样信号的时域和频域波形。

因为门信号并非严格意义上的有限带宽信号，但是由于其频率 $f>1/\tau$ 的分量所具有的能量占有很小的比重，所以一般定义 $f_m=1/\tau$ 为门信号的截止频率，其中 τ 为门信号在时域

内的宽度。在本实例中选取 $f_m=0.5$,临界采样频率为 $f_s=1$,过采样频率为 $f_s>1$(为了保证精度,可以将其值提高到该值的 50 倍),欠采样频率为 $f_s<1$。

MATLAB 源程序如下:

```
%显示原始信号及其 Fourier 变换示例
clc,clear;
R=0.01;%采样周期
t=-4:R:4;
f=rectpuls(t,2)
w1=2*pi*10;  %显示[-20*pi  20*pi]范围内的频谱
N=1000;      %计算出 2*1000+1 个频率点的值
k=0:N;
wk=k*w1/N;
F=f*exp(-j*t'*wk)*R;   %利用数值计算连续信号的 Fourier 变换
F=abs(F);      %计算频谱的幅度
wk=[-fliplr(wk),wk(2:1001)];
F=[fliplr(F),F(2:1001)];   %计算对应负频率的频谱
figure;
subplot(2,1,1); plot(t,f);
xlabel('t'); ylabel('f(t)');
title('f(t)=u(t+1)-u(t-1)');
subplot(2,1,2); plot(wk,F);
xlabel('w'); ylabel('F(jw)');
title('f(t)的 Fourier 变换');
```

运行结果如图 2-19 所示。

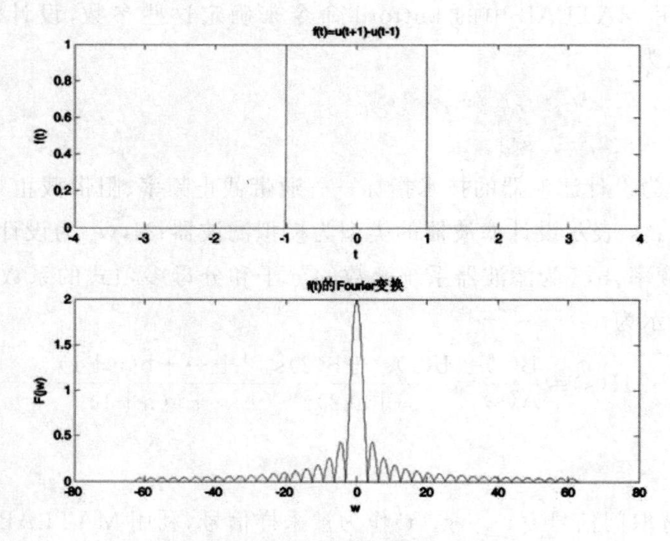

图 2-19 原始信号的时域和频域波形

```
%显示采样信号及其 Fourier 变换示例
clc,clear;
R=0.25;  %可视为过采样
t=-4:R:4;
f=rectpuls(t,2);
w1=2*pi*10;
N=1000;
k=0:N;
wk=k*w1/N;
F=f*exp(-j*t'*wk);  %利用数值计算采样信号的 Fourier 变换
F=abs(F);
wk=[-fliplr(wk),wk(2:1001)];  %将正频率扩展到对称的负频率
F=[fliplr(F),F(2:1001)];     %将正频率的频谱扩展到对称的负频率的频谱
figure;
subplot(2,1,1)
stem(t/R,f);   %采样信号的离散时间显示
xlabel('n');ylabel('f(n)');
title('f(n)');
subplot(2,1,2)
plot(wk,F);   %显示采样信号连续的幅度谱
xlabel('w');ylabel('F(jw)');
title('f(n)的 Fourier 变换');
```

运行结果如图 2-20 所示。

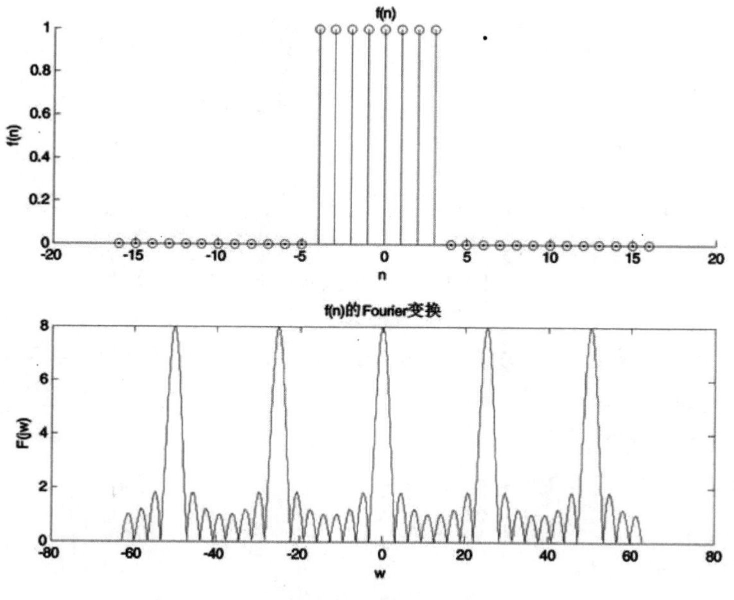

图 2-20　采样信号的时域和频域波形

实例 16 利用 MATLAB 实现对实例 15 中采样信号的重构，并显示重构信号的波形。

MATLAB 源程序如下：

```
%采样信号的重构及其波形显示示例程序
clc,clear;
Ts=0.25;  %采样周期,可修改
t=-4:Ts:4;
f=rectpuls(t,2);  %给定的采样信号
ws=2*pi/Ts;
wc=ws/2;
Dt=0.01;
t1=-4:Dt:4;  %定义信号重构对应的时刻,可修改
fa=Ts*wc/pi*(f*sinc(wc/pi*(ones(length(t),1)*t1-t'*ones(1,length(t1)))));
%信号重构
figure
plot(t1,fa);
xlabel('t'); ylabel('fa(t)');
title('f(t)的重构信号');
t=-4:0.01:4;
err=fa-rectpuls(t,2);
figure;plot(t,err);
sum(abs(err).^2)/length(err);  %计算重构信号的均方误差
```

运行结果如图 2-21 所示。

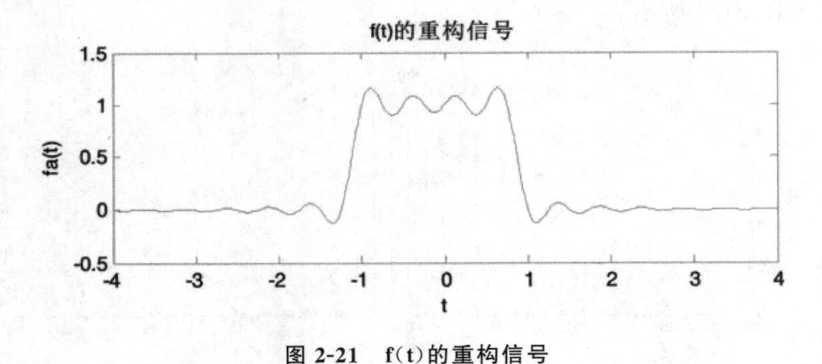

图 2-21 f(t)的重构信号

实例 17 通过频率滤波的方法，利用 MATLAB 实现对实例 15 中采样信号的重构，并显示重构信号的波形。

MATLAB 源程序如下：

```
%采用频率滤波的方法实现对采样信号的重构
clc,clear;
Ts=0.25;  %采样周期
t=-4:Ts:4;
f=rectpuls(t,2);
w1=2*pi*10;
```

```
N=1000;
k=0:N;
wk=k*w1/N;
F=f*exp(-j*t'*wk);  %利用数值计算连续信号的 Fourier 变换
wk=[-fliplr(wk),wk(2:1001)];
F=[fliplr(F),F(2:1001)];
Tw=w1/N;  %频率采样间隔
w=-2*pi*10:Tw:2*pi*10;
H=Ts*rectpuls(w,2.*pi/Ts);  %理想低通滤波器频率特性
%下面两行为可修改程序
%[b,a]=butter(M,Wc,'s');  %确定系统函数的系数向量,M,Wc 为设定滤波器的阶数
                            和 3 dB 截止频率
%H=Ts*freqs(b,a,w);
Fa=F.*H;  %采样信号通过滤波器后的频谱
Dt=0.01;
t1=-4:Dt:4;
fa=Tw/(2*pi)*(Fa*exp(j*wk'*t1));
%利用数值计算连续信号的 Fourier 逆变换
figure
subplot(2,1,1)
plot(t1,fa);
xlabel('t');
ylabel('fa(t)');
title('f(t)的重构信号');
err=fa-rectpuls(t1,2);
subplot(2,1,2)
plot(t1,err);
xlabel('t');
ylabel('err(t)');
title('f(t)的重构误差信号');
sum(abs(err).^2)/length(err)
```

运行结果如图 2-22 所示。

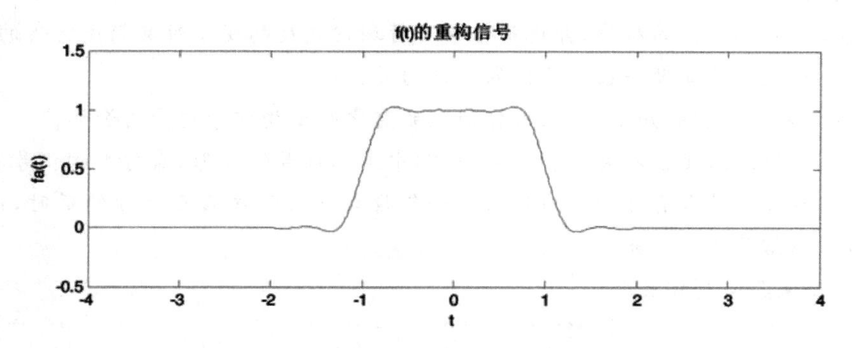

图 2-22　f(t)的重构信号和 f(t)的重构误差信号

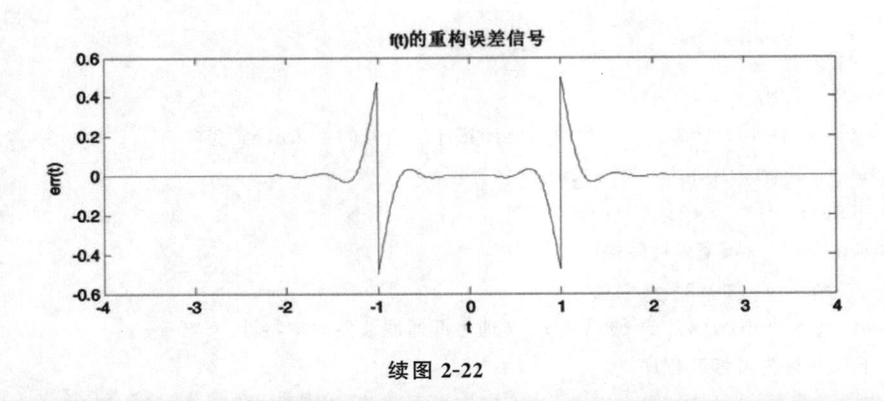

续图 2-22

思考题

(1)修改实例15、实例16、实例17中的门信号宽度、采样周期等参数，重新运行程序，观察得到的采样信号的时域和频域特性，以及重构信号与误差信号的变化。

(2)将原始信号分别修改为抽样函数Sa(t)、正弦信号 sin(20 * pi * t)＋cos(40 * pi * t)、指数信号 $e^{-2t}u(t)$时，在不同采样频率的条件下，观察对应采样信号的时域和频域特性，以及重构信号与误差信号的变化。

扩展题

利用频域滤波的方法[将采样信号通过一个(Butterworth)低通滤波器]，修改实验内容中的部分程序，完成对采样信号的重构。

实验报告要求

(1)简述实验目的和实验原理。

(2)整理思考题(1)的程序，并说明信号在时域内宽度的变化对其频率特性的影响，总结信号在时域内的宽度与在频域内的宽度的关系。

(3)运用采样定理的知识，说明采样周期的变化对重构信号质量的影响。

(4)如学有余力，比较扩展题和思考题(2)中重构信号的波形，看看重构信号相对于原始信号在时域内是否有延时？为什么？如何设计一段程序修正信号的延时，使得重构信号与原始信号基本对齐？

(5)总结实验心得体会。

实验 4 离散信号与离散系统的时域分析

一、实验目的

(1)学习使用 MATLAB 产生基本的离散信号、绘制信号波形；

(2)实现信号的基本运算，为信号分析和系统设计奠定基础；

(3)深刻理解卷积和运算，掌握离散序列求卷积和的方法；

(4)掌握求给定离散系统的单位脉冲响应和单位阶跃序列响应的方法。

二、实验原理与内容

1. 离散信号的分析

1)基本序列的产生

MATLAB 提供了许多函数用于产生常用的基本离散信号，如单位脉冲序列、单位阶跃序列、指数序列、正弦序列和离散周期矩形波序列、白噪声序列等，这些基本序列是信号处理的基础。

(1)单位脉冲序列的产生。

单位脉冲序列的定义为

$$\delta(n)=\begin{cases}0 & (n\neq 0)\\ 1 & (n=0)\end{cases} \tag{2-24}$$

产生单位脉冲序列的 MATLAB 源程序如下：

```
clear;
n=-5:5;
y=(n==0);
stem(n,y);
```

仿真波形如图 2-23 所示。

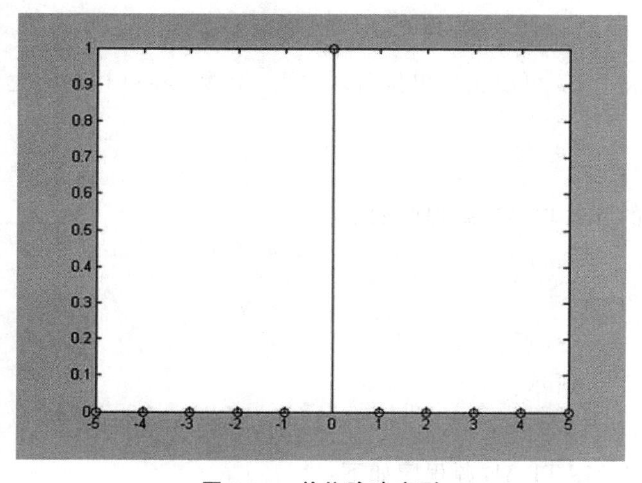

图 2-23 单位脉冲序列

此外，函数 zeros(1,n)可以生成单位脉冲序列。函数 zeros(1,n)产生 1 行 n 列由 0 组成的矩阵。

(2)单位阶跃序列的产生。

单位阶跃序列的定义为

$$U(n)=\begin{cases}1 & (n\geqslant 0)\\0 & (n<0)\end{cases} \tag{2-25}$$

产生单位阶跃序列的 MATLAB 源程序如下：

```
clear;
n=-5:5;
y=(n>=0);
stem(n,y);
```

仿真波形如图 2-24 所示。

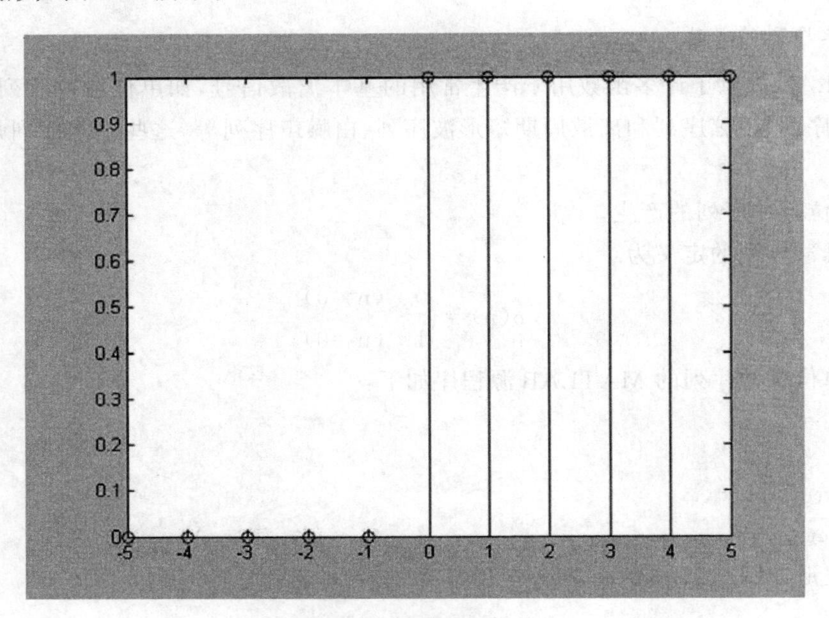

图 2-24 单位阶跃序列

此外，函数 ones(1,n) 可以生成单位阶跃序列。函数 ones(1,n)产生 1 行 n 列由 1 组成的矩阵。

(3)指数序列的产生。

产生指数序列的 MATLAB 源程序如下：

```
n=-5:15;
x=0.3*(1/2).^n;
stem(n,x);
```

仿真波形如图 2-25 所示。

(4)正弦序列的产生。

产生正弦序列的 MATLAB 源程序如下：

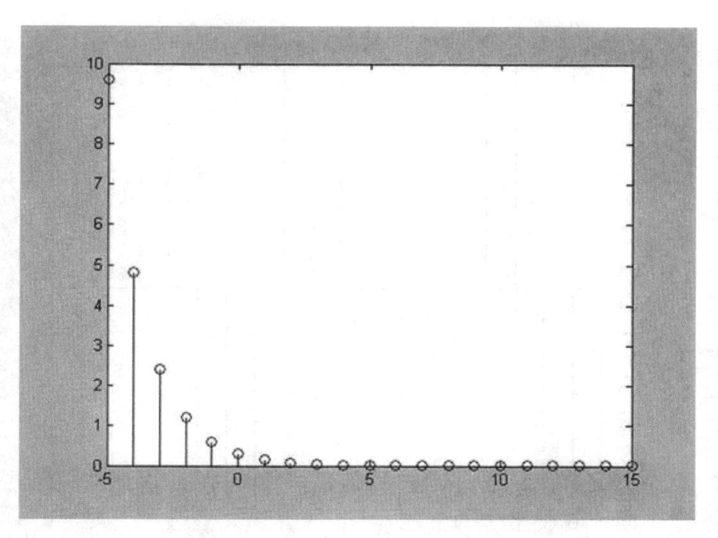

图 2-25　指数序列

```
n=-10:10;
omega=pi/3;
x=0.5*sin(omega*n+pi/5);
stem(n,x);
```

仿真波形如图 2-26 所示。

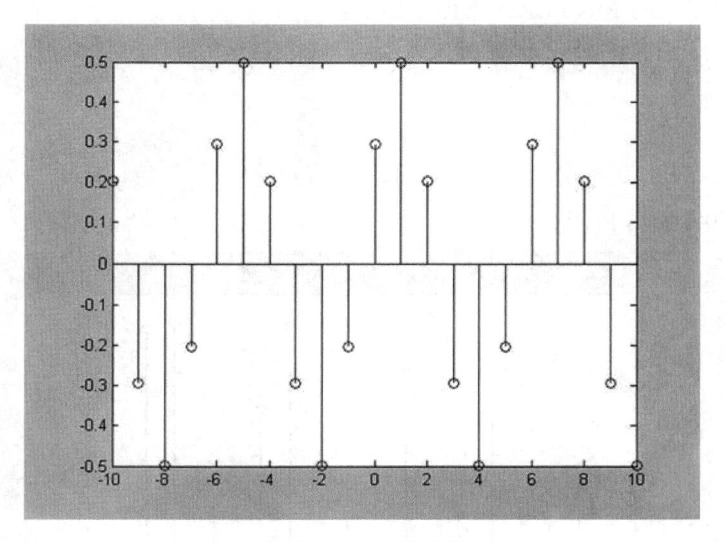

图 2-26　正弦序列

(5)离散周期矩形波序列的产生。

产生幅度为 1、基频 rad、占空比为 50%的周期方波的 MATLAB 源程序如下：

```
omega=pi/4;
k=-10:10;
x=square(omega*k,50);
stem(k,x);
```

仿真波形如图 2-27 所示。

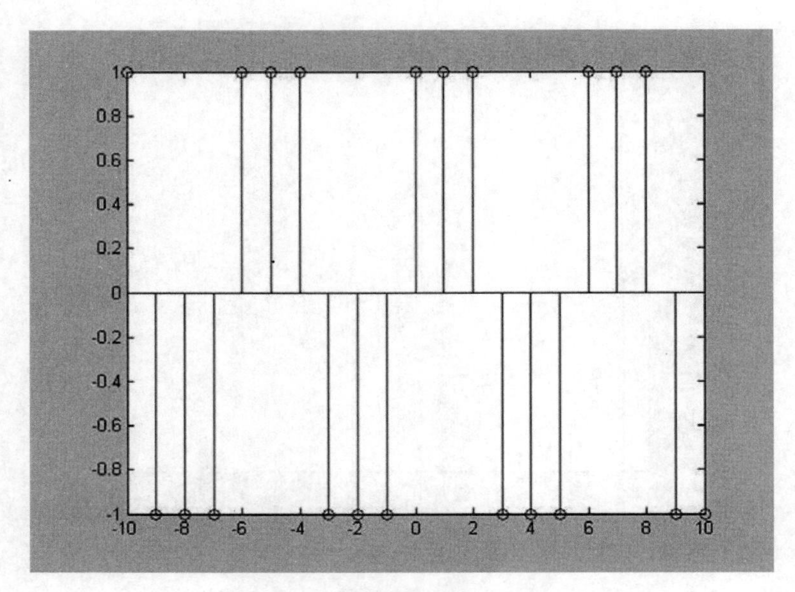

图 2-27　离散周期矩形波序列

(6)白噪声序列的产生。

白噪声序列在信号处理中是常用的序列。函数 rand 可产生在[0,1]区间均匀分布的白噪声序列,函数 randn 可产生均值为 0、方差为 1 的高斯分布白噪声序列。

产生白噪声序列的 MATLAB 源程序如下:

```
N=20;
k=0:N-1;
x=rand(1,N);
stem(k,x);
```

仿真波形如图 2-28 所示。

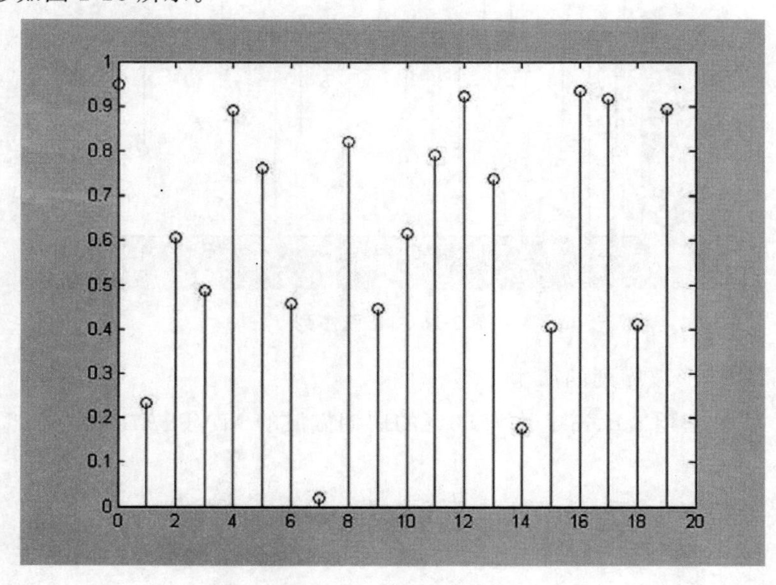

图 2-28　白噪声序列

2)序列的基本运算

序列的运算包括加、减、乘、移位、反褶、标乘、累加、差分运算等。

(1)加、减、乘。

两序列相加减(或相乘),即将两序列对应的样点值相加减(或相乘)即可。

(2)移位。

离散序列的移位可看作将离散序列的时间序号向量平移,而表示对应时间序号点的序列样值不变。当序列向左移动 k_0 个单位时,所有时间序号向量都减小 k_0 个单位;反之,则增加 k_0 个单位。

(3)反褶。

离散序列的反褶,即将表示离散序列的两向量以零时刻的取值为基准点,以纵轴为对称轴反褶。向量的反褶可用 MATLAB 中的 fliplr 函数来实现。

2. 离散系统的时域分析

1)线性时不变(LTI)离散系统的描述

线性时不变(LTI)离散系统用常系数线性差分方程进行描述,即

$$\sum_{i=0}^{n} a_i y(n-i) = \sum_{j=0}^{m} b_j f(n-j) \tag{2-26}$$

式中,f(n) 和 y(n) 分别表示系统的输入和输出,N = max(n,m) 是差分方程的阶数。

在已知差分方程的初始状态以及输入的条件下,可以通过编程由下式迭代算出系统的输出,即

$$y(n) = -\sum_{i=1}^{n} (a_i/a_0) y(n-i) + \sum_{j=0}^{m} (b_j/a_0) f(n-j) \tag{2-27}$$

系统的零状态响应就是在系统初始状态为零的条件下微分方程的解。在零初始状态下,MATLAB 控制系统工具箱提供了一个 filter 函数,可以计算差分方程描述的系统的响应,其调用格式为

```
y = filter(b,a,f)
```

其中,$a=[a_0,a_1,a_2,...,a_n]$,$b=[b_0,b_1,b_2,...,b_m]$ 分别是系统差分方程左、右端的系数向量,f 表示输入向量,y 表示输出向量。

> **注意:**
> 输出序列的长度与输入序列的长度相同。

2)冲激响应、阶跃响应

离散系统的冲激响应、阶跃响应分别是输入信号为 δ(n) 和 u(n) 所对应的零状态响应。MATLAB 控制系统工具箱专门提供了两个函数求解离散系统的冲激响应和阶跃响应。

冲激响应:

```
h = impz(b,a,N)
```

其中,h 表示系统的单位序列响应,$a=[a_0,a_1,a_2,\cdots,a_n]$,$b=[b_0,b_1,b_2,\cdots,b_m]$ 分别是系统差分方程左、右端的系数向量,N 表示输出序列的时间范围。

阶跃响应：

```
g = stepz(b,a,N)
```

其中，g 表示系统的单位阶跃序列响应，b 和 a 的含义同上，N 表示输出序列的长度。

3) 卷积和

卷积是信号与系统中的一个最基本，也是最重要的概念。在时域中，对于 LTI 连续系统，其零状态响应等于输入信号与系统冲激响应的卷积积分；对于 LTI 离散系统，其零状态响应等于输入信号(序列)与系统冲激响应(单位样值响应)的卷积和。而利用卷积定理，这种关系又对应频域中的乘积。

任何离散信号可表示为

$$f(n)=\sum_{m=-\infty}^{\infty}f(m)\delta(n-m) \tag{2-28}$$

推导过程：因为 $\delta(n)\rightarrow h(n)$，所以 $\delta(n-m)\rightarrow h(n-m)$，且 $f(m)\delta(n-m)\rightarrow f(m)h(n-m)$，则 $\sum_{m=-\infty}^{\infty}f(m)\delta(n-m)\rightarrow\sum_{m=-\infty}^{\infty}f(m)h(n-m)$，即 $f(n)\rightarrow y_f(n)=\sum_{m=-\infty}^{\infty}f(m)h(n-m)$，记为 $f(n)\times h(n)=\sum_{m=-\infty}^{\infty}f(m)h(n-m)$，因此，任意两个序列的卷积和定义为

$$f_1(n)\times f_2(n)=\sum_{m=-\infty}^{\infty}f_1(m)f_2(n-m) \tag{2-29}$$

若 $f_1(n)$ 和 $f_2(n)$ 均为因果序列，则卷积后仍为因果序列，即

$$f_1(n)\times f_2(n)=\left[\sum_{m=0}^{n}f_1(m)f_2(n-m)\right]U(n) \tag{2-30}$$

MATLAB 信号处理工具箱提供了一个计算两个离散序列卷积和的函数 conv。设向量 a，b 表示待卷积的两个序列，则 c=conv(a, b)就是 a 与 b 卷积后得到的新序列。

知道两个序列的卷积和以后，一般而言所得新序列的时间范围、序列长度都会发生变化。例如，设 $f_1(n)$长度为 5，$-3\leqslant n\leqslant 1$，$f_2(n)$长度为 7，$2\leqslant n\leqslant 8$，则卷积后得到的新序列长度为 $5+7-1=11$，且在 $-1\leqslant n\leqslant 9$ 时，新序列的值不为零。

3. 示例程序

实例 18 已知 $x_1(n)=[1,1,1,0,1]_{-3}$，$x_2(n)=[2,2,2,2]_{-1}$，求 $x(n)=x_1(n)+x_2(n)$，$x(n)=x_1(n)\ x_2(n)$，并画图。

MATLAB 源程序如下：

```
%sequence added
clear;
x1=[1 1 1 0 1];
n1=-3:1;
x2=[2 2 2 2];
n2=-1:2;
n=-3:2;
x1=[x1 zeros(1,length(n)-length(n1))];
```

```
x2=[zeros(1,length(n)-length(n2)) x2];
x=x1+x2;
y=x1.*x2;
subplot(2,1,1);
stem(n,x);
xlabel('n');
ylabel('y(n)=x1(n)+x2(n)');
subplot(2,1,2);
stem(n,y);
xlabel('n');
ylabel('y(n)=x1(n)*x2(n)');
```

运行结果如图 2-29 所示。

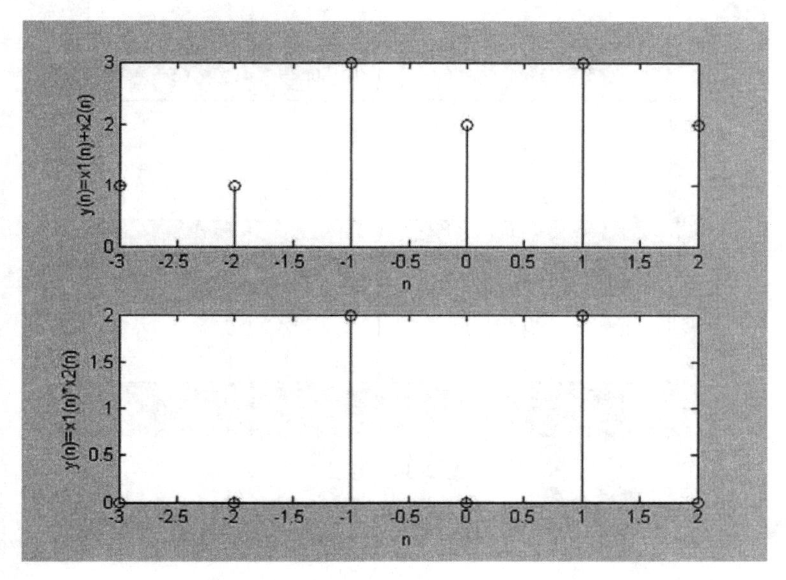

图 2-29　相加和相乘

实例 19　已知 $x_1(n)=[1,1,1,0,1]_{-3}$，求 $x_1(n+k_0)$ 和 $x_1(n-k_0)$（其中 $k_0=1$），并画图。

MATLAB 源程序如下：

```
%shift
clear;
x1=[1 1 1 0 1];
n1=-3:1;
n=n1-1;
m=n1+1;
x=x1;
subplot(3,1,1);          %画出原序列
stem(n1,x1);
```

```
ylabel('x1(n)');
subplot(3,1,2);              %画出左移序列
stem(n,x);
%scatter(n,x);
ylabel('x1(n+1)');
subplot(3,1,3);              %画出右移序列
stem(m,x);
ylabel('x1(n-1)');
```

运行结果如图 2-30 所示。

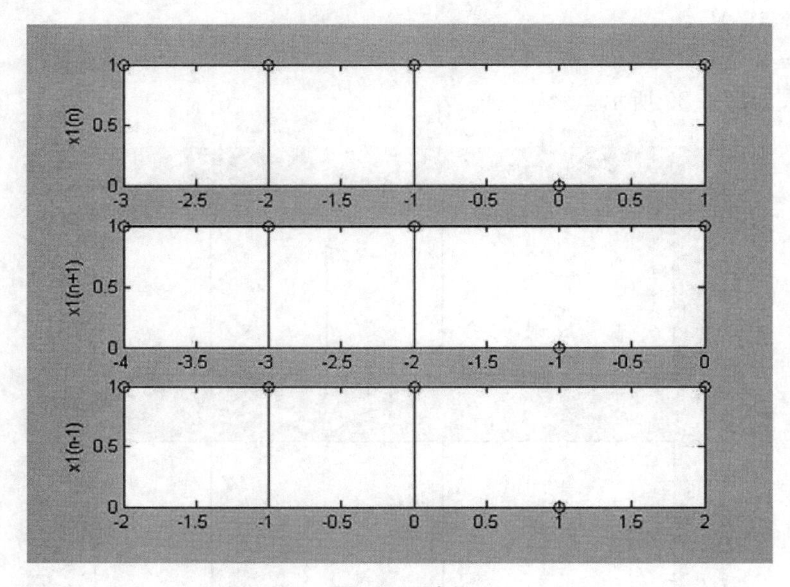

图 2-30　移位

实例 20　已知 $x_1(n)=[1,1,1,0,1]_{-3}$，求 $x_1(-n)$，并画图。

MATLAB 源程序如下：

```
clear;
x1=[1 1 1 0 1];
n1=-3:1;
n=-fliplr(n1);
x=fliplr(x1);
subplot(2,1,1);
stem(n1,x1);
ylabel('x(n)');
subplot(2,1,2);
stem(n,x);
ylabel('x(-n)');
```

运行结果如图 2-31 所示。

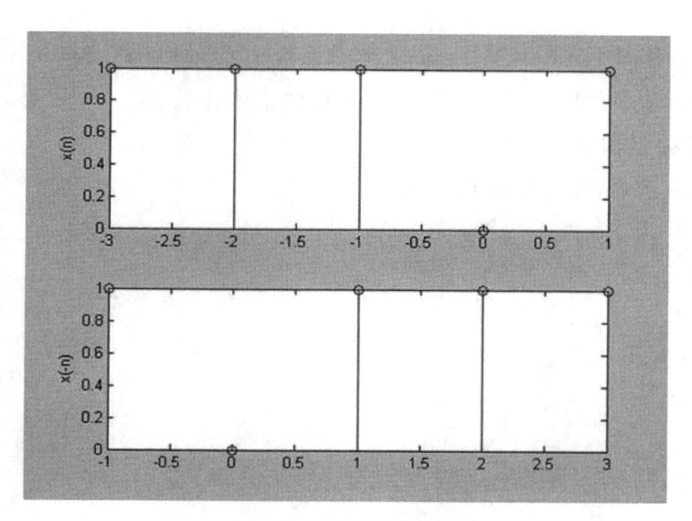

图 2-31　反褶

实例 21　已知系统差分方程为 $y(n)-0.9y(n-1)=f(n)$，$f(n)=\cos\left(\frac{\pi}{3}n\right)U(n)$，求系统的零状态响应，并绘图表示。

MATLAB 源程序如下：

```
b=1;
a=[1  -0.9];
n=0:30;
f=cos(pi*n/3);
y=filter(b,a,f);
stem(n,y);
```

运行结果如图 2-32 所示。

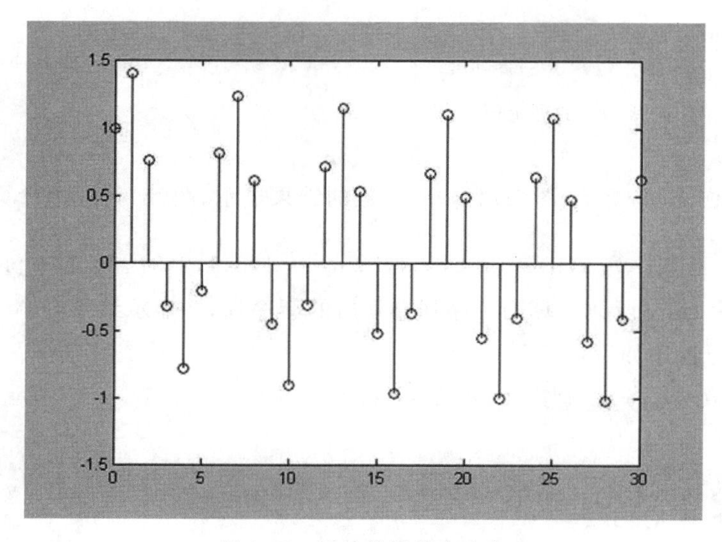

图 2-32　系统的零状态响应

实例 22 利用函数 impz 和 stepz 求离散系统 f(n)=y(n)+3y(n−1)+2y(n−2)的单位序列响应 h(k)和单位阶跃响应 g(k)，并与其理论值比较。

MATLAB 源程序如下：

```
%计算单位序列响应和单位阶跃响应示例
n=0:10;
a=[1 3 2];
b=[1];
h=impz(b,a,n);
g=stepz(b,a,length(n));
figure;
subplot(2,2,1)
stem(n,h);
grid on;
title('单位序列响应的近似值');
subplot(2,2,3)
stem(n,g);
title('单位阶跃响应的近似值');
grid on;
hn=-(-1).^n+2*(-2).^n;
gn=1/6-(-1).^n/2+4*(-2).^n/3;
subplot(2,2,2)
stem(n,hn);
grid on;
title('单位序列响应的理论值');
subplot(2,2,4)
stem(n,gn);
title('单位阶跃响应的理论值');
grid on;
```

运行结果如图 2-33 所示，图(a)为调用函数的结果显示，图(b)为理论计算值输出显示。

实例 23 已知序列 x(n)={1,2,3,4,5; n=−1,0,1,2,3}, h(n)={1,1,1,1,1; n=0,1,2,3,4}，利用 conv 函数计算两个序列卷积后的新序列，并显示结果。

MATLAB 源程序如下：

```
%利用函数 conv(a,b)计算两序列的卷积和
n1=-1:3;
x=[1 2 3 4 5];
n2=0:4;
h=[1 1 1 1 1];
```

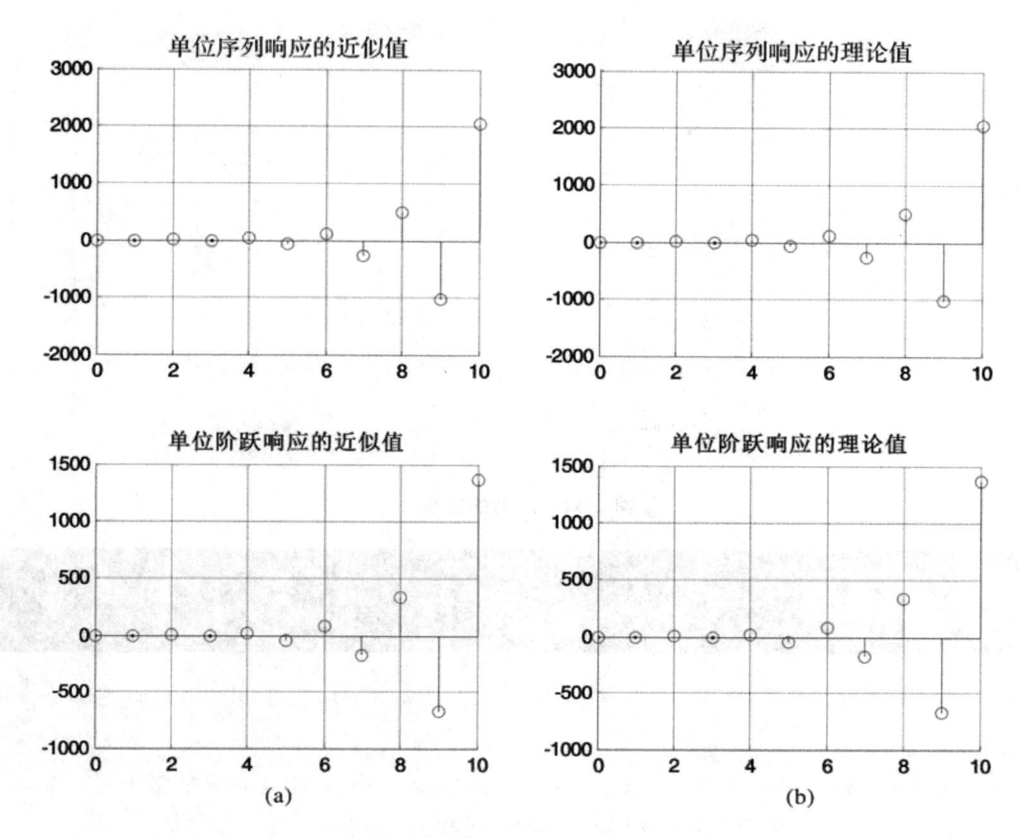

图 2-33　单位序列响应和单位阶跃响应

```
figure(1);
subplot(1,2,1)
stem(n1,x);
grid on;
xlabel('输入序列 x(n)');
subplot(1,2,2)
stem(n2,h);
grid on;
xlabel('单位序列响应 h(n)');
y=conv(x,h);
n=n1(1)+n2(1):n1(length(n1))+k2(length(n2));
figure;
stem(n,y);
grid on;
xlabel('输出响应 y(n)');
```

运行结果如图 2-34 所示，图(a)为被卷积的两序列 x(n)和 h(n)，图(b)为卷积后的结果显示。

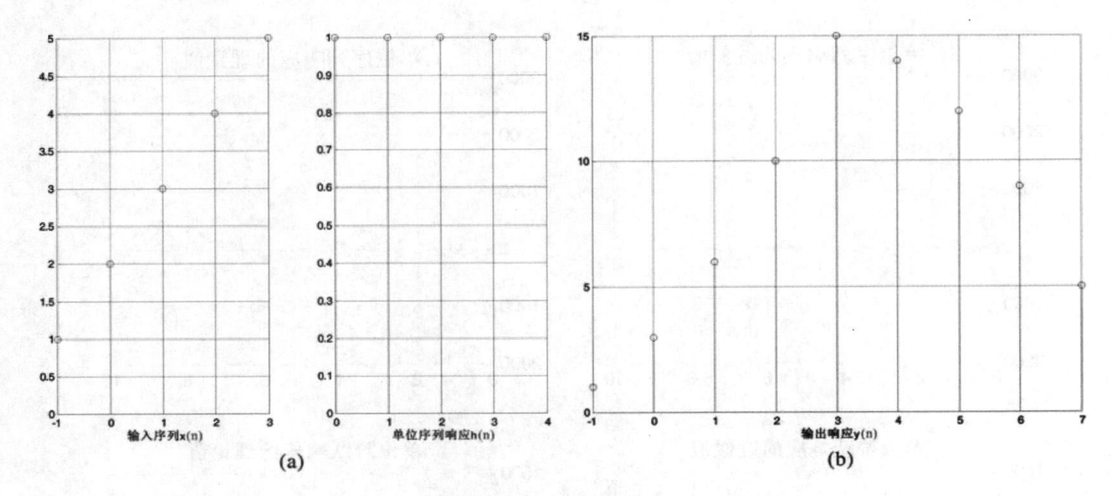

图 2-34　序列的卷积

思考题

(1)已知系统差分方程为 $y(n)+1.2y(n-1)-0.3y(n-2)=f(n)+2f(n-1)$，$f(n)=2\sin\left(\frac{\pi}{6}n\right)U(n)$，求系统的零状态响应，并绘图表示。

(2)利用函数 impz 和 stepz 求下列离散系统的单位序列响应 h(n)和单位阶跃响应 g(n)：

$$y(n)+1.2y(n-1)-0.3y(n-2)=f(n)+2f(n-1)$$

(3)已知序列 $x(n)=\{1,1,1,2,2,3,3;\ n=-1,0,1,2,3,4,5\}$，$h(n)=\{1,2,3,4,5;\ n=-2,0,1,2,3\}$，利用 conv 函数计算两个序列卷积后的新序列，并显示结果。

扩展题

(1)已知系统的差分方程为 $y(n)-0.7y(n-1)+0.1y(n-2)=7f(n)-2f(n-1)$，输入为 $f(n)=(0.4)^n u(n)$，计算系统的零状态响应 y(n)、单位序列响应 h(n)和阶跃响应 g(n)，并画出相应的图形(选取 n=0:10)。

(2)已知系统的单位序列响应为 $h(n)=u(n)-u(n-5)$，输入信号为 $f(n)=(0.5)^n[u(n)-u(n-5)]$，利用 MATLAB 计算：

①$y_1(n)=h(n)\times f(n)$

②$y_2(n)=h(n)\times f(n-2)$

画出 h(n)，f(n)，$y_1(n)$和 $y_2(n)$的波形。

实验报告要求

(1)简述实验目的和实验原理。

(2)整理思考题(1)的程序,打印运行结果的图形,并记录和分析实验过程中出现的问题。

(3)整理思考题(2)的程序,打印运行结果的图形,并根据单位序列响应 h(n) 的波形判断系统的稳定性。

(4)整理思考题(3)的程序,打印运行结果的图形,并与手动计算结果相比较。

(5)如学有余力,完成扩展题并对结果进行分析。

(6)总结实验心得体会。

实验5 离散系统的Z域分析

一、实验目的

(1) 加深理解和掌握离散序列信号求Z变换和逆Z变换的方法;

(2) 加深理解和掌握离散系统的系统函数零点、极点分布与系统时域特性的关系。

二、实验原理与内容

1. 离散信号的Z变换

如有序列f[k](k=0,±1,±2,…),z为复变量,则函数

$$F(z)=\sum_{n=-\infty}^{\infty} f(n)z^{-n} \tag{2-31}$$

称为序列f(n)的双边Z变换。如果上式的求和只在n的非负值域进行,则称为序列的单边Z变换。

MATLAB的符号数学工具箱提供了计算Z变换的函数ztrans和计算逆Z变换的函数iztrans,其调用格式为

```
F=ztrans(f)
f=iztrans(F)
```

其中,右端的f和F分别为时域表示式和Z域表示式的符号表示,可利用函数sym来实现,其调用格式为

```
S=sym(A)
```

式中,A为待分析表示式的字符串,S为符号化的数字或变量。

2. 系统函数

线性时不变离散系统可用其Z域的系统函数H(z)表示,其通常具有如下有理分式的形式,即

$$H(z)=\frac{b_0+b_1z^{-1}+b_2z^{-2}+\cdots+b_mz^{-m}}{a_0+a_1z^{-1}+a_2z^{-2}+\cdots+a_nz^{-n}}=\frac{B(z)}{A(z)} \tag{2-32}$$

为了能根据系统函数的Z域表示式方便地得到其时域表示式,可将H(z)展开为部分分式和的形式,再对其求逆Z变换。MATLAB的信号处理工具箱提供了对H(z)进行部分分式展开的函数residuez,其调用格式为

```
[r,p,k]=residuez(B,A)
```

其中,B和A分别为H(z)的分子多项式和分母多项式的系数向量,r为部分分式的分子常系数向量,p为极点向量,k为多项式直接形式的系数向量。由此借助于residuez函数可将上述有理函数H(z)分解为

$$\frac{B(z)}{A(z)}=\frac{r(1)}{1-p(1)z^{-1}}+\cdots+\frac{r(n)}{1-p(n)z^{-1}}+k(1)+k(2)z^{-1}+\cdots+k(m-n+1)z^{-(m-n)} \tag{2-33}$$

进一步通过上面介绍的求逆Z变换的方法求出系统的单位序列响应。

3. 系统函数零点、极点分布与系统时域特性关系

根据系统函数的表达式，可以方便地求出系统函数的零点和极点。系统函数的零点和极点的位置对系统的时域特性和频域特性有重要影响。位于 Z 平面的单位圆上和单位圆外的极点使系统不稳定。系统函数的零点会使系统的幅频响应在该频率点附近出现极小值，而其对应的极点将使系统的幅频响应在该频率点附近出现极大值。

在 MATLAB 中可以借助函数 tf2zp 直接得到系统函数的零点值和极点值，并通过函数 zplane 显示其零点和极点的分布。利用 MATLAB 中的 impz 函数和 freqz 函数可以求得系统的单位序列响应和频率响应。假定系统函数 H(z)的有理分式形式为

$$H(z)=\frac{b(1)z^{m}+b(2)z^{m-1}+\cdots+b(m+1)}{a(1)z^{n}+a(2)z^{n-1}+\cdots+a(n+1)} \tag{2-34}$$

tf2zp 函数的调用格式为

```
[z,p,k]=tf2zp(b,a)
```

其中，b 和 a 分别表示 H(z)中的分子多项式和分母多项式的系数向量，该函数的作用是将 H(z)转换为用零点、极点和增益常数组成的表示式，即

$$H(z)=k\frac{[z-z(1)][z-z(2)]\cdots[z-z(m)]}{[z-p(1)][z-p(2)]\cdots[z-p(n)]} \tag{2-35}$$

zplane 函数的调用格式为

```
zplane(B,A)
```

其中，B 和 A 分别表示 H(z)中的分子多项式和分母多项式的系数向量，该函数的作用是在 Z 平面画出单位圆以及系统的零点和极点。

freqz 函数的调用格式为

```
[H,w]=freqz(B,A)
```

其中，B 和 A 分别表示 H(z)中的分子多项式和分母多项式的系数向量，H 表示频率响应矢量，w 为频率矢量。

4. 程序示例

实例 24 已知序列 $f_1=a^nU(n)$，序列 $f_2(n)$的 Z 域函数为 $F_2(z)=z/(z-1/2)^2$，求：(1) 序列 $f_1(n)$的 Z 变换；(2) $F_2(z)$的逆 Z 变换。

MATLAB 源程序如下：

```
%计算序列的 z 变换和逆 z 变换示例；
f1=sym('a^n');
F1=ztrans(f1);
F2=sym('z/(z-1/2)^2');
f2=iztrans(F2);
```

运行结果如下：

```
F1=
z/a/(z/a-1)
f2=
2*(1/2)^n*n
```

由运行结果可知，$F_1(z)=\frac{z/a}{z/a-1}=\frac{z}{z-a}$，$f_2(n)=2(\frac{1}{2})^n U(n)$。

实例 25 已知因果系统的系统函数为 $H(z)=\frac{z^2}{(z-1/2)(z-1/4)}$，利用 MATLAB：(1)计算 H(z)的部分分式展开形式；(2) 求系统的单位序列响应并显示波形。

MATLAB 源程序如下：

```
%(1)Z 域函数的部分分式展开示例程序
B=[1];
A=[1 -0.75 0.125];
[r,p,k]=residuez(B,A);
```

运行结果如下：

```
r=2, -1
p=0.5000, 0.2500
k=[]
```

由运行结果可知，该系统有两个极点 p(1)＝0.5 和 p(2)＝0.25，展开的多项式分子项系数为 2 和－1。H(z)的部分分式展开形式为

$$H(z)=\frac{2}{1-(1/2)z^{-1}}-\frac{1}{1-(1/4)z^{-1}}$$

```
%(2)通过逆 Z 变换求系统单位响应示例
B=[1];
A=[1 -0.75 0.125];
n=0:5;
F1=sym('2/(1-z^(-1)/2.)');
f1=iztrans(F1)
F2=sym('-1/(1-z^(-1)/4.)');
f2=iztrans(F2)
h=f1+f2
hn=impz(B,A,n);
figure;
stem(n,hn);
```

运行结果如下：

```
h=2.*.5000^n-1.*.2500^n
```

运行结果如图 2-35 所示。

实例 26 已知一离散因果系统的系统函数为

$$H(z)=\frac{z^2+2z+1}{z^3-0.5z^2-0.005z+0.3}$$

利用 MATLAB：(1) 求出系统函数的零点和极点，并在 Z 平面显示它们的分布；(2)求出系统的单位序列响应并显示；(3)求出系统的频率响应，并画出幅频响应和相频响应特性曲线。

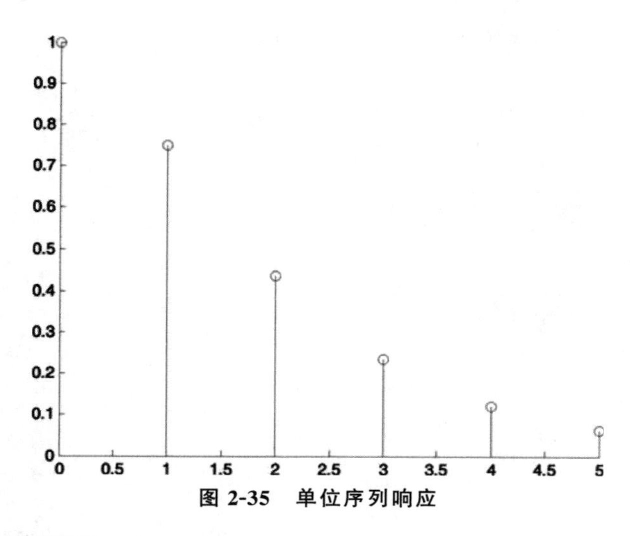

图 2-35　单位序列响应

MATLAB 源程序如下：

```
%求离散系统零点、极点并显示的示例程序
b=[1 2 1];
a=[1 -0.5 -0.005 0.3];
[z,p,k]=tf2zp(b,a)
B=[0 1 2 1];
A=[1 -0.5 -0.005 0.3];
figure;
zplane(B,A);
```

程序运行后，求得零点和极点的值为

```
z=-1,  -1
p=0.5198+0.5346i,  0.5198-0.5346i,  -0.5396
k=1
```

画出零点和极点在 Z 平面的分布图，如图 2-36 所示。图中圆圈表示零点的位置，旁边的数字 2 表示有一个处在该点的二阶零点，叉表示极点位置。

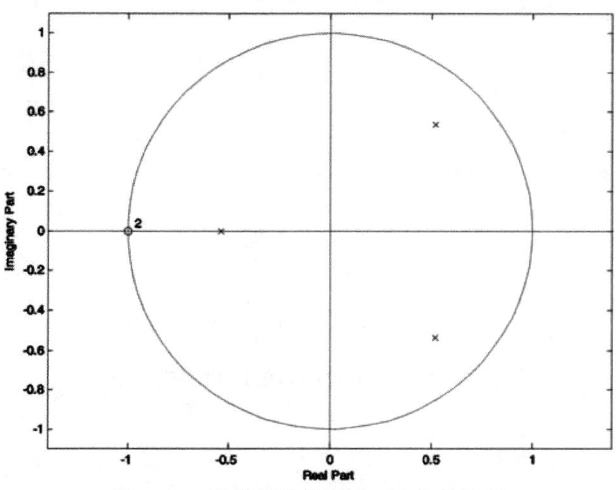

图 2-36　系统函数的零点、极点分布图

```
%求解系统单位序列响应及频率响应的示例程序
B=[0 1 2 1];
A=[1 -0.5 -0.005 0.3];
k=0:40;
h=impz(B,A,k);
figure(1);
stem(k,h);
xlabel('k');
ylabel('h[k]');
title('Impulse response');
[H,w]=freqz(B,A);
figure(2);
subplot(2,1,1)
plot(w/pi,abs(H));
xlabel('ang.freq.\Omega(rad/s)');
ylabel('|H(e^j^\Omega)|');
title('Magnitude response');
subplot(2,1,2)
plot(w/pi,angle(H));
xlabel('ang.freq.\Omega(rad/s)');
ylabel('Angle');
title('Angle response');
```

程序运行后，系统的单位序列响应如图2-37所示，系统的频谱图如图2-38所示。

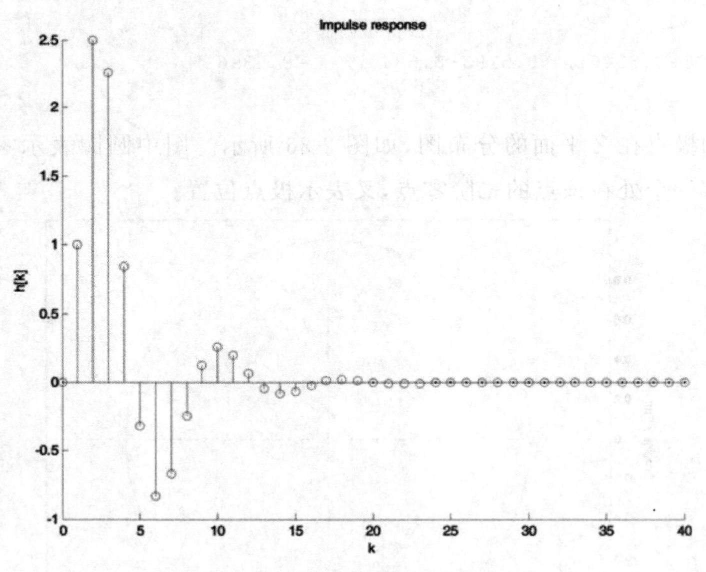

图2-37　系统的单位序列响应

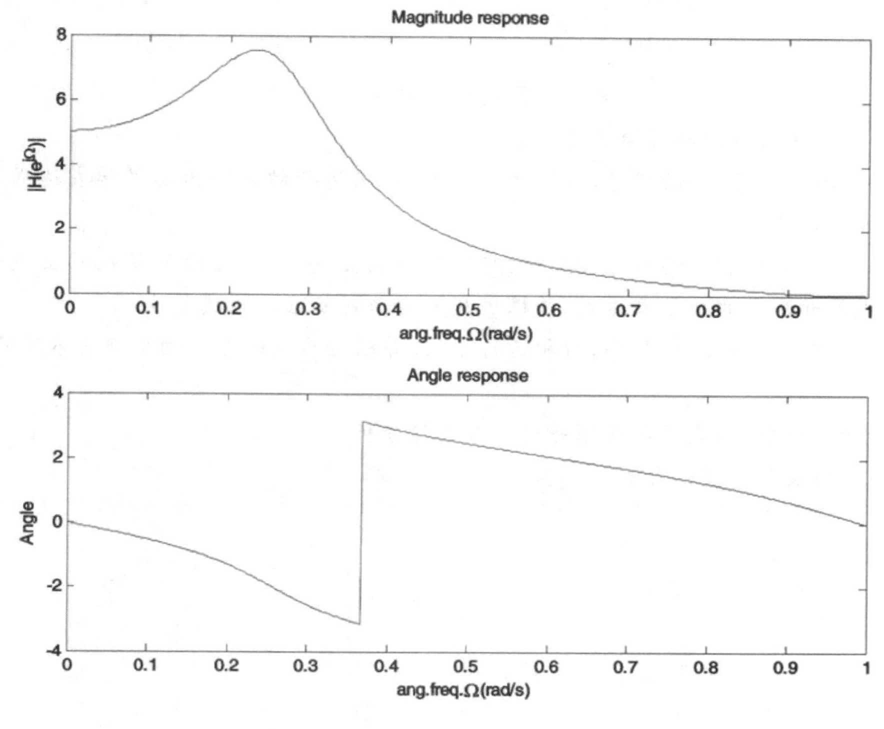

图 2-38　系统的频谱图

思考题

(1)已知序列 $f_1(n)=2a^nU(n)$,序列 $f_2(n)$的 Z 域函数为 $F_2(z)=z/(z-1/2)/(z-2)$,求:①序列 $f_1(n)$ 的 Z 变换;② $F_2(z)$的逆 Z 变换。

(2)已知因果系统的系统函数为 $H(z)=\dfrac{z^2-2}{(z-1/2)(z-1/3)}$,利用 MATLAB:①计算 H(z)的部分分式展开形式;②求系统的单位序列响应并显示波形。

(3)已知一离散因果系统的系统函数为

$$H(z)=\frac{z^3+6z^2-z+1}{z^4-0.1z^3-2z^2+3z+0.2}$$

利用 MATLAB:①求出系统函数的零点和极点,并在 Z 平面显示它们的分布;②求出系统的单位序列响应并显示;③求出系统的频率响应,并画出幅频响应和相频响应特性曲线。

扩展题

已知因果离散系统的系统函数为 $H(z)=\dfrac{z^2-2z+4}{z^2-0.5z+0.25}$,利用 MATLAB:①计算系统函数的零点、极点,在 Z 平面画出其零点、极点的分布,并分析系统的稳定性;②求出系统的单位序列响应和频率响应,并分别画出其波形。

实验报告要求

(1)简述实验目的和实验原理。

(2)整理思考题(1)的程序,打印运行结果,根据运行结果写出其数学表达式,并与理论计算结果相比较。

(3)整理思考题(2)的程序,打印运行结果及相关波形,根据运行结果写出H(z)的部分分式展开形式的数学表达式,并根据相关波形判断系统的稳定性。

(4)整理思考题(3)的程序,打印运行结果,并根据系统的频率响应判断系统的滤波特性。

(5)如学有余力,完成扩展题并对结果进行分析。

(6)总结实验心得体会。

实验 6 离散傅里叶变换(DFT)

一、实验目的

(1)掌握离散傅里叶变换的计算机实现方法;

(2)掌握计算序列的圆周卷积的方法。

二、实验原理与内容

1. 离散傅里叶变换的基本概念

离散傅里叶级数是周期序列,仍不便于计算机计算。但是,离散傅里叶级数虽然是周期序列,却只有 N 个独立的数值,所以它的许多特性可以通过对有限长序列进行延拓来得到。对于一个长度为 N 的有限长序列 $x(n)$,即 $x(n)$ 只在 $n=0\sim(N-1)$ 个点上有非零值,其余皆为零,即

$$x(n)=\begin{cases}x(n) & (0\leqslant n\leqslant N-1)\\ 0 & (\text{其他})\end{cases} \tag{2-36}$$

把序列 $x(n)$ 以 N 为周期进行周期延拓,得到周期序列 $\tilde{x}(n)$,则有

$$x(n)=\begin{cases}\tilde{x}(n) & (0\leqslant n\leqslant N-1)\\ 0 & (\text{其他})\end{cases} \tag{2-37}$$

所以,有限长序列 $x(n)$ 的离散傅里叶变换(DFT)为

$$X(k)=\mathrm{DFT}[x(n)]=\sum_{n=0}^{N-1}x(n)W_N^{kn},\quad 0\leqslant k\leqslant N-1 \tag{2-38}$$

逆变换为

$$x(n)=\mathrm{IDFT}[X(k)]=\frac{1}{N}\sum_{n=0}^{N-1}X(k)W_N^{-kn},\quad 0\leqslant n\leqslant N-1 \tag{2-39}$$

若将离散傅里叶变换的定义写成矩阵形式,则有

$$X=x.A \tag{2-40}$$

其中离散傅里叶变换矩阵 A 为

$$A=\begin{Bmatrix}1 & 1 & \cdots & 1\\ 1 & W_N^{1} & \cdots & W_N^{N-1}\\ \vdots & \vdots & \vdots & \vdots\\ 1 & W_N^{N-1} & \cdots & W_N^{(N-1)^2}\end{Bmatrix} \tag{2-41}$$

2. 离散傅里叶变换的计算机实现

1) 离散傅里叶变换

$$X(k)=\sum_{k=0}^{N-1}x(n)W_N^{nk}$$

其中,$W_N^{nk}=e^{-j\frac{2\pi}{N}kn}$。

采用矩阵相乘的方法如下:

```
function [Xk]=dft(xn,N)
n=[0:1:N-1];
k=[0:1:N-1];
WN=exp(-j*2*pi/N);
nk=n'*k;
WNnk=WN.^(nk);
Xk=xn*WNnk;
```

2)逆离散傅里叶变换

$$x(n)=\frac{1}{N}\sum_{k=0}^{N-1}X(k)W_N^{-nk}$$

```
function [xn]=idft(Xk,N)
n=[0:1:N-1];
k=[0:1:N-1];
WN=exp(-j*2*pi/N);
nk=n'*k;
WNnk=WN.^(-nk);
xn=(Xk*WNnk)/N;
```

实例 27 如果 $x(n)=\sin(n\pi/8)+\sin(n\pi/4)$ 是一个 $N=16$ 的有限长序列，用 MATLAB 求其 DFT 结果，并画出 DFT 结果图。

MATLAB 源程序如下：

```
N=16;
n=0:1:N-1;        %时域采样
xn=sin(n*pi/8)+sin(n*pi/4);
k=0:1:N-1;        %频域采样
X=dft(xn,N);
subplot(2,1,1)
stem(n,xn);
subplot(2,1,2)
stem(k,abs(X));
```

DFT 结果图如图 2-39 所示。

运算结果如下：

```
Xk=
  Columns 1 through 5
  0.0000     -0.0000-8.0000i  -0.0000-8.0000i   0.0000-0.0000i   0.0000-
0.0000i
  Columns 6 through 10
  -0.0000-0.0000i   0.0000-0.0000i   0.0000-0.0000i   0.0000-0.0000i   0.0000
-0.0000i
  Columns 11 through 15
  0.0000-0.0000i   0.0000-0.0000i   0.0000-0.0000i   0.0000-0.0000i   0.0000+
8.0000i
  Column 16
   0.0000+8.0000i
```

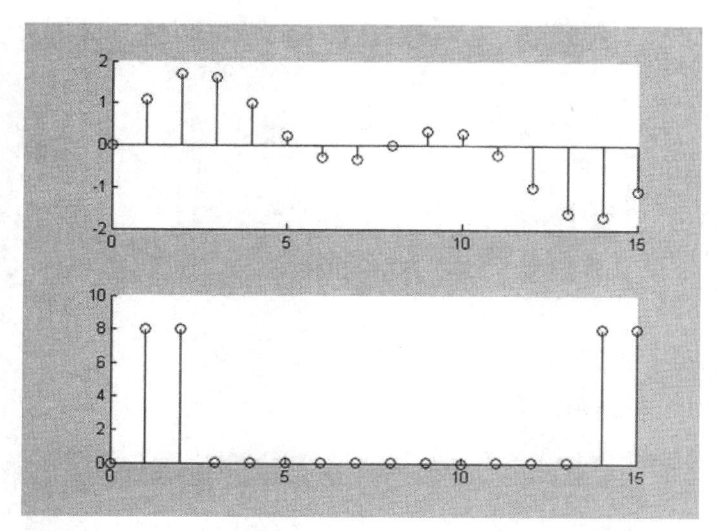

图 2-39 实例 27 的 DFT 结果图

3)离散傅里叶变换的性质

两个序列 $x_1(n)$和 $x_2(n)$都是 N 点有限长序列,设

$$X_1(k)=DFT[x_1],\quad X_2(k)=DFT[x_2]$$

(1)线性。

$$DFT[ax_1(n)+bx_2]=aX_1(k)+bX_2(k)$$

其中,a,b 为任意常数。

(2)圆周移位。

一个有限长序列 x(n)的圆周移位定义为 $x_m=x[(n+m)]_N R_N(n)$,式中,$x[(n+m)]_N$ 表示 x(n)的周期延拓序列$\tilde{x}(n)$的移位,即 $x[(n+m)]_N=\tilde{x}(n+m)$。有限长序列圆周移位后的离散傅里叶变换为 $X_m(k)=DFT\{x_m[(n+m)]_N R_N(n)\}=W_N^{-kn}X(k)$。

(3)圆周反褶。

一个有限长序列 x(n)的圆周反褶定义为 $x_m=x[(-n)]_N R_N(n)$,式中,$x[(-n)]_N$ 表示 x(n)的周期延拓序列$\tilde{x}(n)$的反褶,即 $x[(-n)]_N=\tilde{x}(-n)$。

实例 28 求有限长序列 $x(n)=8(0.4)^n(0\leqslant n\leqslant 20)$的圆周移位 $x_m(n)=x[(n+10)]_{20}R_{20}(n)$,并画出其结果图。

MATLAB 源程序如下:

```
clear;
N=20;
n=0:N-1;
m=10;
x=8*((0.4).^n);
n1=mod(n+m,N);                %将原位置序列移位 m,再求其在主值区间的值
y=x(n1+1);                   %y 为移位后的 x(MATLAB 下标从 1 开始,mod 的最小值从 0 开始,所
                              以要加 1)
```

```
subplot(2,1,1);
stem(n,x);
title('Original Sequence');
xlabel('n');
ylabel('x(n)');
subplot(2,1,2);
stem(n,y);
title('Circular Shift Sequence');
xlabel('n');
ylabel('x((n+10))mod20');
```

运行结果如图 2-40 所示。

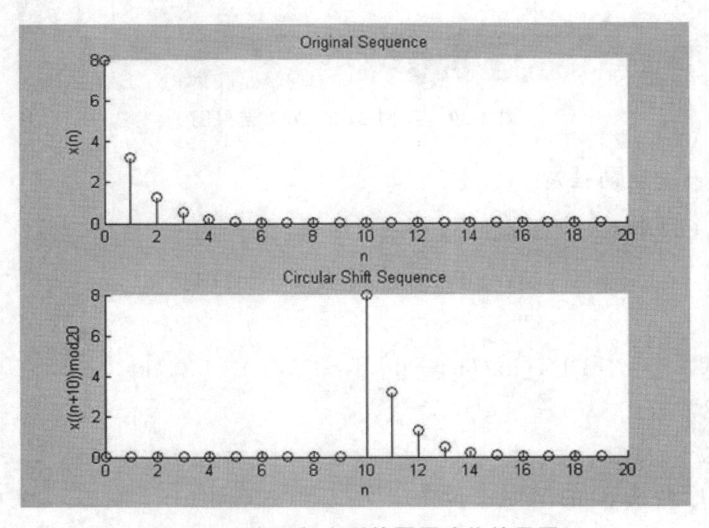

图 2-40　有限长序列的圆周移位结果图

输出结果如下：

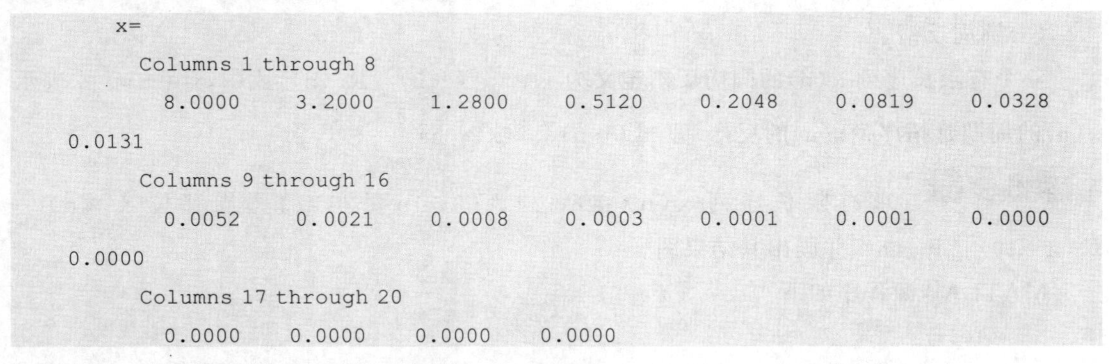

```
x=
  Columns 1 through 8
    8.0000    3.2000    1.2800    0.5120    0.2048    0.0819    0.0328
0.0131
  Columns 9 through 16
    0.0052    0.0021    0.0008    0.0003    0.0001    0.0001    0.0000
0.0000
  Columns 17 through 20
    0.0000    0.0000    0.0000    0.0000
```

3. 序列圆周卷积的计算机实现

1）圆周卷积的理论知识

假设 $Y(k)=X_1(k)X_2(k)$，则有

$$Y(n)=IDFT[Y(k)]=\left\{\sum_{m=0}^{N-1}x_1(m)x_2[(n-m)]_N\right\}R_N(n)=\left\{\sum_{m=0}^{N-1}x_2(m)x_1[(n-m)]_N\right\}R_N(n)$$

用 $\otimes$ 表示圆周卷积，则上式可化简为

$$y(n)=\text{IDFT}[X_1(k)X_2(k)]=x_1(n)\otimes x_2(n)=x_2(n)\otimes x_1(n)$$

2)圆周卷积的实现

以下为计算序列的循环移位程序：

```
function y=cirshift(x,m,N)
if length(x)>N
  error('N must be >=the length of x')   %要求移位周期大于信号长度
end
x=[x zeros(1,N-length(x))];
n=[0:1:N-1];
n=mod(n-m,N);    %将原位置序列移位 m,再求其在主值区间的值
y=x(n+1);
```

以下为计算序列的圆周卷积程序：

```
%运行之前应在命令窗口输入 x1,x2,N 的值
function y=circonvt(x1,x2,N)
if length(x1)>N
  error('N must be >=the length of x1')
end
if length(x2)>N
  error('N must be >=the length of x2')
end
x1=[x1 zeros(1,N-length(x1))];     %将 x1,x2 补 0 成为 N 长序列
x2=[x2 zeros(1,N-length(x2))];
m=[0:1:N-1];
x2=x2(mod(-m,N)+1);   %该语句的功能是将序列延拓、反褶,取主值序列
H=zeros(N,N);
for n=1:1:N              %该 for 循环的功能是得到 x2 序列的循环移位矩阵
  H(n,:)=cirshift(x2,n-1,N); %和手工计算圆周卷积得到的表是一致的
end
y=x1*H'    %用矩阵相乘的方法得到结果
```

实例 29　试用 MATLAB 求有限长序列 $x_1(n)=(0.8)^n(0\leqslant n\leqslant 10)$ 与 $x_2(n)=(0.6)^n(0\leqslant n\leqslant 18)$ 的圆周卷积($N=20$)，并画出其结果图。要求用前面编写的 circonvt 函数实现。

MATLAB 源程序如下：

```
clear;
N=20;
n=0:N-1;
n1=0:10;
x1=(0.8).^n1;
n2=0:18;
x2=(0.6).^n2;
y1=circonvt(x1,x2,N);stem(n,y1);
```

补充知识：

除了利用上述方法实现圆周卷积外，还可以通过调用dft、idft实现序列的圆周卷积，即

$$x_1(n)\otimes x_2(n)=\mathrm{IDFT}[X_1(k)X_2(k)]$$

```
clear;
N=20;
n=0:N-1;
n1=0:10;
n2=0:18;
x1=0.8.^n1;
x1=[x1 zeros(1,N-length(n1))];
x2=0.6.^n2;
x2=[x2 zeros(1,N-length(n2))];
c1=dft(x1,N).*dft(x2,N);
y1=idft(c1,N);                  %实现 x1(n)⊗x2(n)=IDFT[X1(k)X2(k)]
k=0:N-1;
stem(k,y1);
title('圆周卷积');
```

思考题

试用MATLAB的dft、idft函数求有限长序列 $x_1(n)=2^n(0\leqslant n\leqslant 8)$ 与 $x_2(n)=(0.5)^n(0\leqslant n\leqslant 10)$ 的圆周卷积（$N=15$），并画出其结果图。

实验报告要求

(1)简述实验原理及实验目的。

(2)记录实验结果。

(3)记录调试运行情况及所遇到问题的解决方法。

(4)解答思考题。

实验 7 快速傅里叶变换(FFT)及其应用

一、实验目的

(1)了解计算 DFT 算法存在的问题及改进途径。

(2)掌握用 FFT 对连续信号和时域离散信号进行谱分析的方法。

(3)掌握用 FFT 计算线性卷积的方法。

二、实验原理与内容

在信号处理中,DFT 的计算具有举足轻重的地位,信号的相关、滤波、谱估计等都要通过 DFT 来实现。然而,当 N 很大的时候,求一个 N 点的 DFT 要完成 N×N 次复数乘法和 N(N−1)次复数加法计量,其计算量相当大。1965 年,J. W. Cooley 和 J. W. Tukey 巧妙地利用 W_N 因子的周期性和对称性,构造了一个 DFT 快速算法,即快速傅里叶变换(FFT)。

1. FFT 快速算法原理

通过前面的知识已经知道有限列长为 N 的序列 x(n)的 DFT 变换为

$$X(k)=\sum_{n=0}^{N-1}x(n)W_n^{nk},\quad k=0,1,2,\cdots,N-1 \tag{2-42}$$

其逆变换为

$$x(n)=\frac{1}{N}\sum_{k=0}^{N-1}X(k)W_N^{-nk},\quad n=0,1,\cdots,N-1 \tag{2-43}$$

下面所讨论使用的快速傅里叶变换(FFT) 并不是与 DFT 不同的另外一种变换,而是为减少 DFT 计算次数的一种快速有效的算法。这种快速算法主要是利用了 W_N^{nk} 下面两个特性使长序列的 DFT 分解为更小点数的 DFT 来实现的。

利用 W_N^{nk} 的对称性使 DFT 运算中有些项合并,即

$$W_N^{k(N-n)}=W_N^{-kn}=(W_N^{kn})^* \tag{2-44}$$

利用 W_N^{nk} 的周期性和对称性使长序列的 DFT 分解为更小点数的 DFT,即

$$W_N^{nk}=W_N^{k(n+N)}=W_N^{(k+N)^n} \tag{2-45}$$

快速傅里叶变换算法正是基于这一基本思想而发展起来的。快速傅里叶变换算法形式很多,但是基本上可以分为两大类,即按时间抽取(decimation in time,简称 DIT)法和按频率抽取(decimation in frequency)法。在这里以时间抽取(DIT)的 FFT 算法(库利-图基算法)为例,简单说明一下 FFT 算法的原理。

为了方便讨论,设 $N=2^M$,其中 M 为整数。如果不满足这个条件,可以认为需要加上若干零点来达到。由 DFT 的定义可知

$$X(k)=\sum_{n=0}^{N-1}x(n)W_n^{nk},\quad k=0,1,2,\cdots,N-1 \tag{2-46}$$

其中,x(n) 是列长为 N(n=0,1,…,N−1) 的输入序列,把它按 n 的奇偶分成两个序列,即

$$\begin{cases}x(2r)=x_1(r)\\x(2r+1)=x_2(r)\end{cases},\quad r=0,1,\cdots,\frac{N}{2}-1 \tag{2-47}$$

又由于 $W_N^2=e^{-j\frac{2\pi}{N}}=e^{\frac{-j\frac{2\pi}{N}}{2}}=W_{\frac{N}{2}}$，则

$$X(k)=\sum_{n=0,n\text{为偶数}}^{N-1}x(n)W_n^{nk}+\sum_{n=0,n\text{为奇数}}^{N-1}x(n)W_n^{nk}=X_1(k)+W_N^kX_2(k)$$

上式表明一个 N 点的 DFT 可以分解为两个 N/2 点的 DFT，同时这两个 N/2 点的 DFT 按照上式又可以合成为一个 N 点的 DFT。

为了用点数为 N/2 点的 $X_1(k)$、$X_2(k)$ 来表示 N 点的 X(k) 值，还必须要利用 W 系数的周期性，即 $W_{\frac{N}{2}}^{rk}=W_{\frac{N}{2}}^{r(k+\frac{N}{2})}$，这样可得 $X_1\left(\frac{N}{2}+k\right)\sum_{r=0}^{\frac{N}{2}}x_1(r)W_{\frac{N}{2}}^{r(k+\frac{N}{2})}=\sum_{r=0}^{\frac{N}{2}}x_1(r)W_{\frac{N}{2}}^{rk}$，即 $X_1\left(\frac{N}{2}+k\right)=X_1(k)$，同理可得 $X_2\left(\frac{N}{2}+k\right)=X_2(k)$，另外再加上 W_N^k 的对称性 $W_N^{(\frac{N}{2}+k)}=W_N^{\frac{N}{2}}\cdot W_N^k=-W_N^k$，就可以将 X(k) 的表达式分为前后两个部分：

前半部分：

$$X(k)=X_1(k)+W_N^kX_2(k),\quad r=0,1,\cdots,\frac{N}{2}-1$$

后半部分：

$$X(\frac{N}{2}+k)=X_1(\frac{N}{2}+k)+W_N^{(\frac{N}{2}+k)}X_2(\frac{N}{2}+k)=X_1(k)-W_N^kX_2(k),\quad r=0,1,\cdots,\frac{N}{2}-1$$

由以上分析可见，只要求出区间 $\left[0,\frac{N}{2}-1\right]$ 内各个整数 k 值所对应的 $X_1(k)$、$X_2(k)$ 的值，即可求出 [0,N−1] 区间内的全部 X(k) 值，这一点恰恰是 FFT 能大量减少计算的关键所在。

2. FFT 快速算法特点

时间抽选 FFT 算法的理论推导和流图详见《数字信号处理》教材。FFT 算法遵循两条准则：

(1)对时间奇偶分；

(2)对频率前后分。

FFT 算法的流图特点如下。

1)基本运算单元都是蝶形

任何一个长度为 $N=2^M$ 的序列，总可通过 M 次分解最后成为两点的 DFT 计算，如图 2-41 所示。

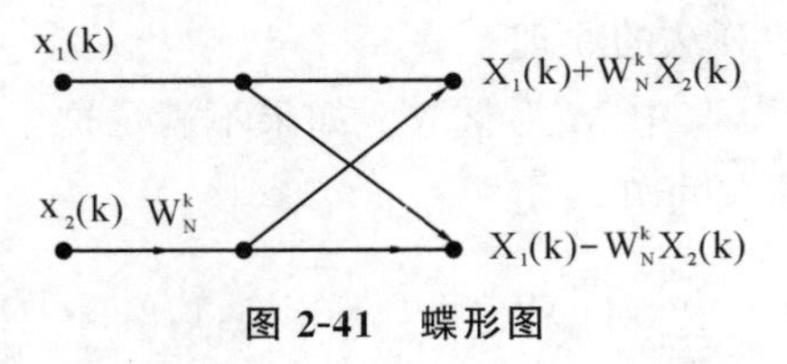

图 2-41 蝶形图

W_N^k 称为旋转因子。计算方程为

$$\begin{cases} X(k)=X_1(k)+W_N^k X_2(k) \\ X(k+N/2)=X_1(k)-W_N^k X_2(k) \end{cases}, \quad k=0,1,\cdots,\frac{N}{2}-1 \tag{2-48}$$

2)同址(原位)计算

这是由蝶形运算带来的好处，每一级蝶形运算的结果 $X_{m+1}(p)$ 无须另外存储，只要再存入 $X_m(p)$ 中即可，$X_{m+1}(q)$ 亦然，这样将大大节省存储单元。

3)变址计算

输入为“混序”(码位倒置)排列，输出按自然序排列，因而对输入要进行“变址”计算(即码位倒置计算)。“变址”实际上是一种“整序”行为，目的是保证“同址”。

3. FFT 数学函数

MATLAB 为计算数据的离散快速傅里叶变换提供了一系列丰富的数学函数，主要有 Fft、Ifft、Fft2、Ifft2，Fftn、Ifftn 和 Fftshift、Ifftshift 等。当所处理的数据长度为 2 的幂次时，采用基-2 算法进行计算，计算速度会显著增加。所以，要尽可能使所要处理的数据长度为 2 的幂次或者用添零的方式来添补数据使之成为 2 的幂次。

1)Fft 和 Ifft 函数

调用方式有以下三种：

(1)

```
Y=fft(X)
```

参数说明：

如果 X 是向量，则采用傅里叶变换来求解 X 的离散傅里叶变换。

如果 X 是矩阵，则计算该矩阵每一列的离散傅里叶变换。

如果 X 是 N×D 维数组，则对第一个非单元素的维进行离散傅里叶变换。

(2)

```
Y=fft(X,N)
```

参数说明：

N 是进行离散傅里叶变换的 X 的数据长度，可以通过对 X 进行补零或截取来实现。

(3)

```
Y=fft(X,[],dim)
```

或

```
Y=fft(X,N,dim)
```

参数说明：

在参数 dim 指定的维上进行离散傅里叶变换。

当 X 为矩阵时，dim 用来指定变换的实施方向：dim=1，表明变换按列进行；dim=2，表明变换按行进行。

函数 Ifft 的参数应用与函数 Fft 的完全相同。

实例 30　fft(X)的应用。

```
X=[2 1 2 8];
Y=fft(X)
```

运行结果：

```
Y=13.0000        0+7.0000i     -5.0000          0-7.0000
```

实例 31 fft(X,N,dim)的应用。

```
A=[2 5 7 8;
    1 4 0 5;
    3 8 5 1;
    9 1 2 7];
Z=fft(A,[],1)   %对矩阵A按列进行变换,变换的数据长度为默认值,即其长度
```

运行结果:

```
z=
15.0000             18.0000             14.000              21.0000
-1.0000+8.0000i     -3.0000-3.0000i     2.0000+2.0000i      7.0000+2.0000i
-5.0000             8.0000              10.0000             -3.0000
-1.0000-8.0000i     - 3.0000+3.0000i    2.0000-2.0000i      7.0000-2.0000i
```

2)Fft2 和 Ifft2 函数

调用方式:

(1)

```
Y=fft2(X)
```

参数说明:

如果 X 是向量,则此傅里叶变换即变成一维傅里叶变换 fft。

如果 X 是矩阵,则此傅里叶变换是计算该矩阵的二维快速傅里叶变换。

数据二维傅里叶变换 fft2(X)相当于 fft(fft(X)),即先对 X 的列做一维傅里叶变换,然后再对变换结果的行做一维傅里叶变换。

(2)

```
Y=fft2(X,M,N)
```

通过对 X 进行补零或截取,使 X 成为 M×N 的矩阵。

函数 Ifft2 的参数应用与函数 Fft2 的完全相同。

Fftn、Ifftn 是对数据进行多维快速傅里叶变换,其应用与 Fft2、Ifft2 类似,在此不再一一赘述。

实例 32 Fft2、Ifft2 的应用。

```
A=[2 5 7 8 9;
    1 3 7 5 0;
    2 6 1 4 9;
    8 1 5 2 6];
Y=fft2(A);
B=ifft2(Y);
```

3)Fftshift 和 Ifftshift 函数

调用方式:

```
Z=fftshift(Y)
```

此函数可用于将傅里叶变换结果 Y(频域数据)中的直流成分(即频率为 0 处的值)移到

频谱的中间位置。

参数说明：

如果X是向量，则变换Y的左、右两边。

如果X是矩阵，则交换Y的一、三象限和二、四象限。

如果Y是多维数组，则在数组的每一维交换其“半空间”。

函数Ifftshift的参数应用与函数Fftshift的完全相同。

实例33 Fftshift的应用。

```
X=rand(5,4);
y=fft(X);
z=fftshift(y);%只将傅里叶变换结果y中的直流成分移到频谱的中间位置
```

运行结果：

```
y=
3.2250              2.5277              1.4820              1.6314
0.3294+0.2368i      0.0768+0.3092i      0.6453+0.4519i      -0.7240-0.4116i
-0.2867-0.6435i     0.5657+0.4661i      -0.5515+0.2297i     -0.0573-0.0881i
-0.2867+0.6435i     0.5657-0.4661i      -0.5515-0.2297i     -0.0573+0.0881i
0.3294-0.2368i      0.0768-0.3092i      0.6453-0.4519i      -0.7240+0.4116i
Z=
-0.5515-0.2297i     -0.0573+0.0881i     -0.2867+0.6435i     0.5657-0.4661i
0.6453-0.4519i      -0.7240+0.4116i     0.3294-0.2368i      0.0768-0.3092i
1.4820              1.6314              3.2250              2.5277
0.6453+0.4519i      -0.7240-0.4116i     0.3294+0.2368i      0.0768+0.3092i
-0.5515+0.2297i     -0.0573-0.0881i     -0.2867-0.6435i     0.5657+0.4661i
```

4. FFT函数的应用

(1)凡是利用傅里叶变换来进行分析、综合、变换的地方，都可以利用FFT算法来减少其计算量。

FFT主要应用在：

①频谱分析。

②快速卷积。

③快速相关。

(2)快速傅里叶变换的MATLAB实现提供Fft函数计算DFT，其调用格式如下：

```
X=fft(x);X=fft(x,N)
```

如果x的长度小于N，则在其后添零，使其成为N点序列；若省略变量N，则DFT的长度即为x的长度。

如果N为2的幂，则得到高速的基-2 FFT算法；若N不是2的乘方，则为较慢的混合算法。

如果x是矩阵，则X是对矩阵的每一列向量做FFT。

实例34 已知信号由15 Hz幅值为0.5的正弦信号和40 Hz幅值为2的正弦信号组成，数据采样频率为100 Hz，试绘制N=128点DFT的幅频图。

MATLAB 源程序如下：

```
clear;
clc;
fs=100;
N=128;
n=0:N-1;
t=n/fs;      %t=n/fs=n*T
x=0.5*sin(2*pi*15*t)+2*sin(2*pi*40*t);
y=fft(x,N);
f=n*fs/N;     %f=n*fs/N=n*频域采样间隔,即频率
mag=abs(y); angle
subplot(2,1,1);
%plot(t,x);
stem(x)
title('时域波形');
subplot(2,1,2);
stem(f,mag);
title('N=128 的 DFT 变换');
```

运行结果如图 2-42 所示。

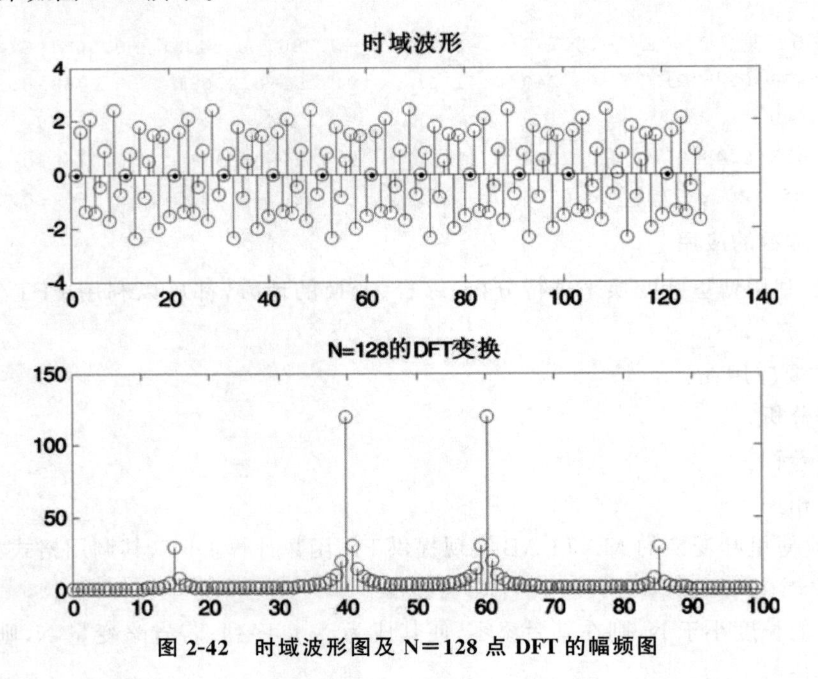

图 2-42　时域波形图及 N=128 点 DFT 的幅频图

实例 35　利用 FFT 进行功率谱的噪声分析。已知带有测量噪声信号 $x(t)=\sin(2\pi f_1 t)+\sin(2\pi f_2 t)+2\omega(t)$[其中 $f_1=100$ Hz，$f_2=200$ Hz，$\omega(t)$为均值为零]、方差为 1 的随机信号，采样频率为 1000 Hz，数据点数 N=512，试绘制信号的频谱图和功率谱图。

MATLAB 源程序如下：

```
t=0:0.001:1;                          %采样周期为 0.001 s;
fs=1000;                              %采样频率为 1000 Hz;
N=512;
n=0:N-1;
x=sin(2*pi*100*t)+ sin(2*pi*200*t)+ rand(size(t)); %产生受噪声污染的正弦波
                                                       信号
subplot(2,1,1)
%plot(x(1:50));
stem(x(1:50));                        %画出时域内的信号;
Y=fft(x,512);                         %对 x 进行 512 点的傅里叶变换
f=(0:255)*fs/N;                     %设置频率轴(横轴)坐标,1000 为采样频率
subplot(2,1,2)
%plot(f,Y(1:256));
stem(f,Y(1:256));
```

运行结果如图 2-43 和图 2-44 所示。

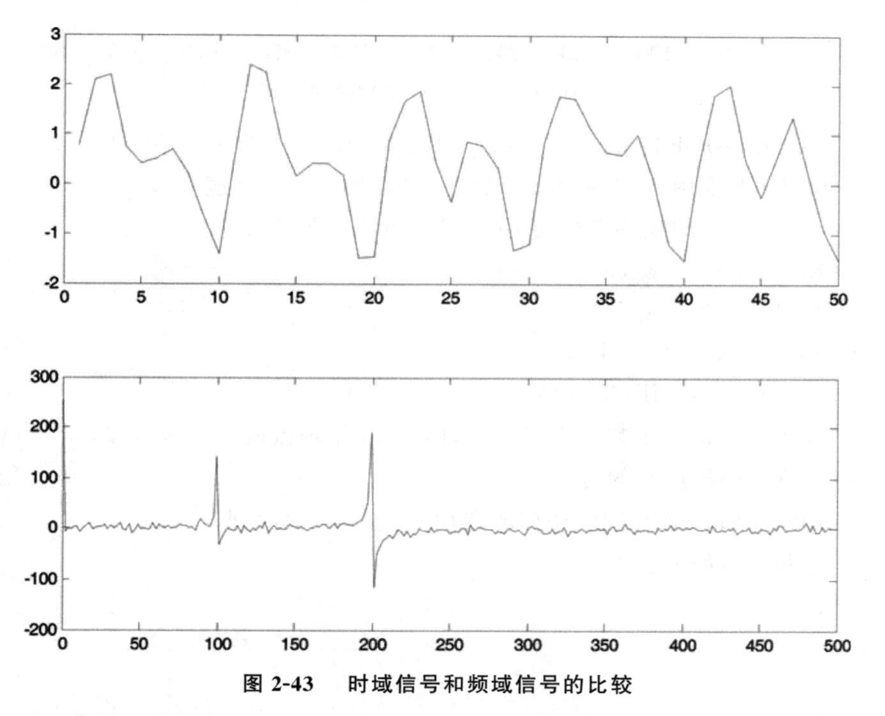

图 2-43　时域信号和频域信号的比较

由图 2-43 可以看出,从受噪声污染信号的时域形式中很难看出正弦波的成分,但是通过对 x(t) 做傅里叶变换,把时域信号变换为频域信号进行分析,可以明显看出信号中 100 Hz 和 200 Hz 的两个频率分量。

线性卷积的 FFT 算法:

在 MATLAB 中实现卷积的函数为 conv,对于 N 值较小的向量,这是十分有效的;对于 N 值较大的向量卷积,可用 FFT 加快计算速度。

圆周卷积 N 点,线性卷积为 $L=N_1+N_2-1$。当 $N\geqslant L=N_1+N_2-1$ 时,线性卷积=圆周卷积。

由 DFT 性质可知,若 $\mathrm{DFT}[x_1(n)]=X_1(k)$,$\mathrm{DFT}[x_2(n)]=X_2(n)$,则

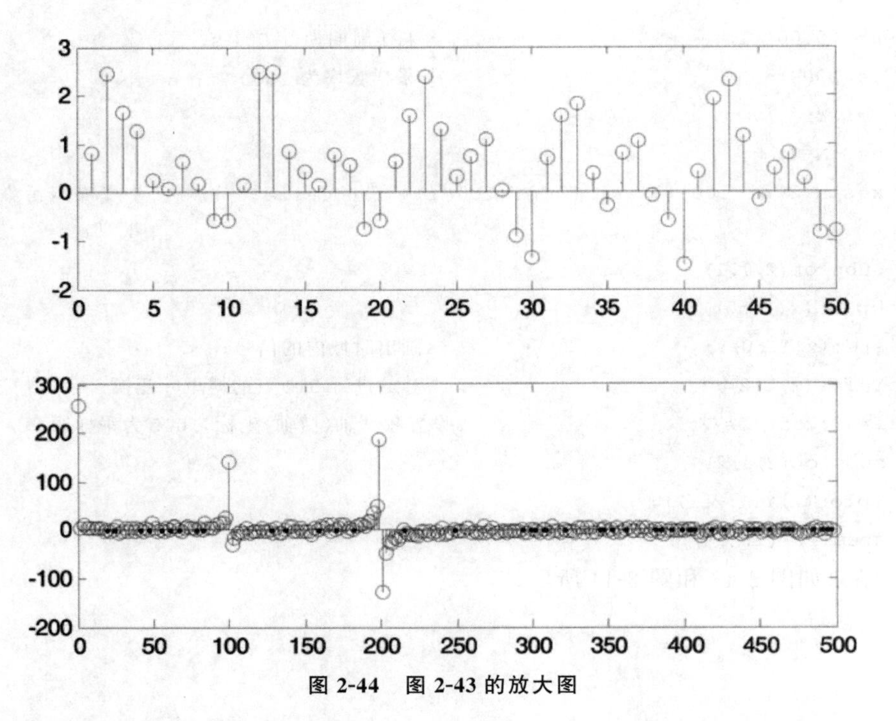

图 2-44 图 2-43 的放大图

$$x_1(n)x_2(n)=\mathrm{IDFT}[X_1(k)X_2(k)]=\mathrm{IDFT}\{\mathrm{DFT}[x_1(n)]\cdot \mathrm{DFT}[x_2(n)]\}$$

若 DFT 和 IDFT 采用 FFT 和 IFFT 算法,可提高卷积计算速度。

计算 $x_1(n)$和 $x_2(n)$的线性卷积的 FFT 算法可由下列步骤实现:

(1)计算 $X_1(k)=\mathrm{FFT}[x_1(n)]$;

(2)计算 $X_2(k)=\mathrm{FFT}[x_2(n)]$;

(3)计算 $Y(k)=X_1(k)\ X_2(k)$;

(4)计算 $x_1(n)x_2(n)=\mathrm{IFFT}[Y(k)]$。

MATLAB 提供了两个函数来确定执行时间:clock 函数读取瞬时时钟,etime(t1,t2) 函数计算 t1、t2 时刻之间所经历的时间。

用函数 conv 和 FFT 计算同一序列的卷积,比较其计算时间。

MATLAB 源程序如下:

```
clear;
clc;
L=5000;
N=L*2-1;
n=1:L;
x1=0.5*n;
x2=2*n;
%t0=clock;
yc=conv(x1,x2);      %直接调用 conv 求线性卷积
%conv_time=etime(clock,t0)
%t0=clock;
yf=ifft(fft(x1,N).*fft(x2,N));    %求出 N 点的圆周卷积,即 N 点的线性卷积
%fft_time=etime(clock,t0)
```

运行结果如下：

```
conv_time=
0.2350
fft_time=
0.0470
```

补充知识：

经常需要计算程序到底运行多长时间，这样可以比较程序的执行效率。当然这个对于只有几秒钟的小程序没有什么意义，但是对于大程序就有很重要的意义了。

下面介绍 MATLAB 中计算程序运行时间的三种常用方法：

(1)tic，toc 秒表计时，tic 是开始，toc 是结束；

(2)clock，etime，clock 显示系统时间，etime 计算两次调用 clock 之间的时间差；

(3)cputime 显示 MATLAB 启动后所占用的 CPU 时间，使用方法和 etime 相似，只是这个是使用 CPU 的主频计算的。

例如：

(1)

```
tic;你的程序;toc;
```

(2)

```
t0=clock;你的程序;time=etime(clock,t0)
```

(3)

```
t0=cputime;你的程序;time=cputime-t0
```

需要注意的是，上述三种方法由于使用原理不一样，得到的结果可能有一定的差距。

实例 36 用 FFT、IFFT 实现线性卷积和圆周卷积。

```
clear;
clc;
%% ----求线性卷积
n1=0:7;
n2=0:9;
x1=1.5.^n1;
x2=3.^n2;
N_L=(length(x1)+length(x2))-1;     %%%(线性卷积的长度)L=N1+N2-1=17
yf_L=ifft(fft(x1,N_L).*fft(x2,N_L));
%相当于求 17 点的圆周卷积 x1(n)⊗x2(n)=IDFT[X1(k)X2(k)]
n_L=0:N_L-1;
figure(1)
stem(n_L,yf_L);
title('线性卷积');
%% ----求 N=13 点圆周卷积
N=13;          %%%(N=13 点圆周卷积的长度)
n1=0:8;
n2=0:10;
x1=1.5.^n1;
```

```
%x1=[x1 zeros(1,N-length(n1))];
x2=3.^n2;
%x2=[x2 zeros(1,N-length(n2))];
yf=ifft(fft(x1,N).*fft(x2,N));       %x1(n)⊗x2(n)=IDFT[X1(k)X2(k)]
n=0:N-1;
figure(2);
stem(n,yf);
title('圆周卷积');
```

5. 离散傅里叶逆变换(IFFT)

离散傅里叶逆变换(IFFT)为 $x(n)=\frac{1}{N}\sum_{k=0}^{N-1}X(n)W_N^{-nk}, r=0,1,\cdots,\frac{N}{2}-1$,通过下列修改,就可以用FFT算法实现离散傅里叶逆变换:增加一个归一化因子$\frac{1}{N}$,将 W_N^{nk} 用其复数共轭 W_N^{-nk} 代替。

以上方法需要改动FFT的程序和系数,下面介绍另一种方法求IFFT。

$x(n)=\frac{1}{N}[\sum_{k=0}^{N-1}X^*(n)W_N^{nk}]^*=\frac{1}{N}\{FFT[X^*(k)]\}^*$,即求X(k)的IFFT可以分为以下三个步骤:

(1)取X(k)的共轭,得到 $X^*(k)$;

(2)求 $X^*(k)$ 的FFT,得到 $x^*(k)$;

(3)取 $x^*(n)$的共轭,并除以N,即得到x(n)。

函数IFFT的调用格式在前面已经介绍过,这里不再赘述。

实例37 对信号 $x(t)=\sin(2\pi f_1 t)+\cos(2\pi f_2 t)$进行离散傅里叶变换,对其结果进行离散傅里叶逆变换,并将离散傅里叶逆变换的结果和原始信号进行比较。

MATLAB源程序如下:

```
clear;
clc;
f1=40;    f2=15;  Fs=100; fs=100;
N=128;
n=0:N-1;
t=n/fs;
x=sin(2*pi*40*t)+sin(2*pi*15*t);
subplot(2,2,1)
plot(t,x);
title('original signal');
y=fft(x,N);
mag=abs(y);
f=(0:length(y)-1)'*fs/length(y);
subplot(2,2,2);plot(f,mag);
```

```
title('FFT to original signal');
xifft=ifft(y);
magx=real(xifft);
ti=[0:length(xifft)-1]/fs;
subplot(2,2,3);plot(ti,magx);
title('signal from IFFT');
yif=fft(xifft,N);
mag=abs(yif);
subplot(2,2,4);
plot(f,mag);
title('FFT to signal from IFFT');
```

运行结果如图 2-45 所示。

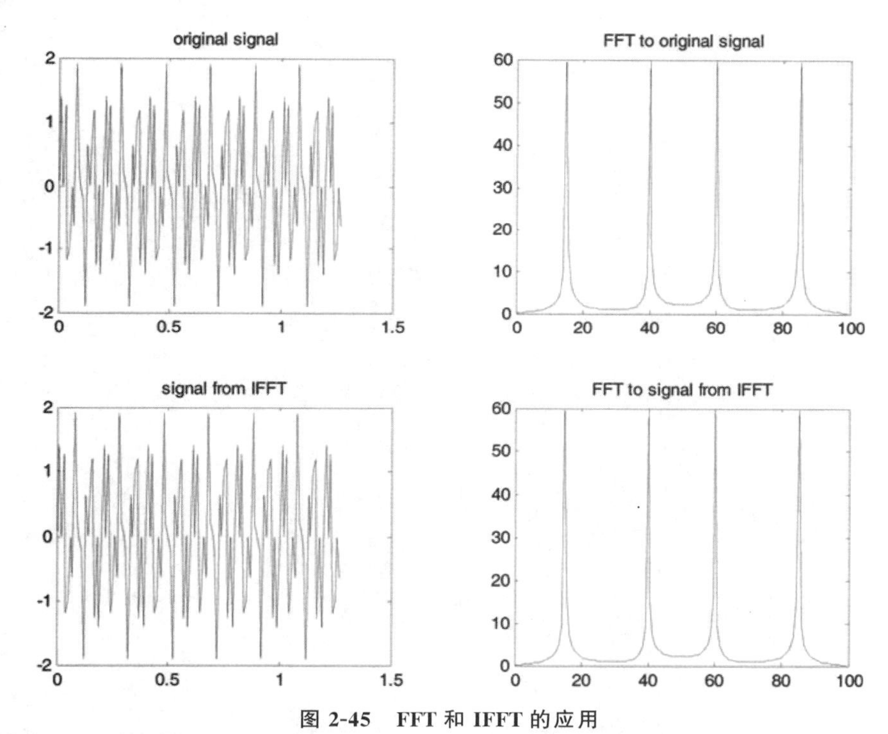

图 2-45　FFT 和 IFFT 的应用

思考题

(1)试用 MATLAB 的 Fft、Ifft 函数求有限长序列 $x_1(n)=2^n(0\leqslant n\leqslant 8)$ 与 $x_2(n)=(0.5)^n(0\leqslant n\leqslant 10)$ 的线性卷积和圆周卷积(N=15),并画出其结果图。

(2)复指数信号的离散傅里叶变换。已知 $x(n)=(0.9e^{j\pi/3})^n$,$n=[0,10]$,用 MATLAB 求这一有限时宽序列的傅里叶变换。

实验报告要求

(1)简述实验原理及实验目的。

(2)给出实验结果,并对结果进行分析。

(3)记录调试运行情况及所遇到问题的解决方法。

(4)解答思考题。

实验8 IIR数字滤波器的设计

一、实验目的

(1)掌握模拟滤波器、IIR数字滤波器的设计原理和步骤。

(2)学习编写数字滤波器设计程序的方法。

二、实验原理与内容

数字滤波器是数字信号处理技术的重要内容,它的主要功能是对数字信号进行处理,保留数字信号中的有用成分,去除信号中的无用成分。

1. 滤波器的分类

滤波器的种类很多,分类方法也不同。

(1)按处理的信号划分:模拟滤波器、数字滤波器。

(2)按频域特性划分:低通滤波器、高通滤波器、带通滤波器、带阻滤波器。

(3)按时域特性划分:FIR数字滤波器、IIR数字滤波器。

2. IIR数字滤波器的传递函数及特点

数字滤波器是具有一定传输特性的数字信号处理装置,它的输入和输出均为离散的数字信号,借助数字器件或一定的数值计算方法,对输入信号进行处理,改变输入信号的波形或频谱,达到保留信号中的有用成分、去除信号中的无用成分的目的。如果加上A/D、D/A转换,则可以用于处理模拟信号。

设IIR数字滤波器的输入序列为x(n),则IIR数字滤波器的输入序列x(n)与输出序列y(n)之间的关系可以用下列差分方程表示,即

$$y(n)=\sum_{i=0}^{M} b_i x(n-i)+\sum_{j=1}^{N} a_j x(n-j) \tag{2-49}$$

其中,b_i 和 a_j 是滤波器的系数。与之相对应的系统函数为

$$H(z)=\frac{Y(z)}{X(z)}=\frac{b_0+b_1 z^{-1}+\cdots+b_M z^{-M}}{1+a_1 z^{-1}+\cdots+a_N z^{-N}} \tag{2-50}$$

由传递函数可以发现,无限长单位冲激响应滤波器有如下特点:

(1)单位冲激响应h(n)是无限长的。

(2)系统传递函数H(z)在有限Z平面上存在极点。

(3)结构上存在输出到输入的反馈,也就是说结构上是递归型的。

3. IIR数字滤波器的结构

IIR数字滤波器包括直接型、级联型和并联型三种结构。

1)直接型

直接型IIR数字滤波器的优点是简单、直观。但由于系数 b_m、a_k 与零点、极点的对应关系不明显,任意 b_m 或 a_k 的改变会影响H(z)所有零点或极点的分布,所以一方面,b_m、a_k 对滤波器性能的控制关系不直接,调整困难;另一方面,零点、极点的分布对系数变化的灵敏度

高,对有限字长效应敏感,易引起不稳定现象和较大误差。

MATLAB 实现:

filter( )函数实现 IIR 数字滤波器直接形式,调用格式为

```
y=filter(b,a,x);
```

其中,b,a 为差分方程输入、输出系数向量(或系统函数的分子、分母多项式,降幂),x 为输入序列,y 为输出序列。

2)级联型

基于因式分解,将系统函数 H(z)分解为因子乘积的形式,即

$$H(z)=\frac{\sum_{m=0}^{M}b_m z^{-m}}{1+\sum_{k=1}^{N}a_k z^{-k}}=K\prod_{k=1}^{N_0}\frac{1+\beta_{1k}z^{-1}+\beta_{2k}z^{-2}}{1+\alpha_{1k}z^{-1}+\alpha_{2k}z^{-2}}=K\prod_{k=1}^{N_0}H_k(z) \tag{2-51}$$

级联型结构如图 2-46 所示。

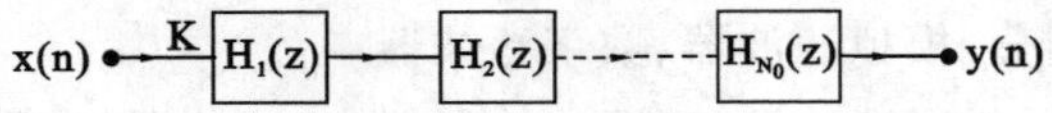

图 2-46 级联型结构

MATLAB 实现:

tf2zp( )函数用于求系统函数的零点、极点和增益常数,zp2sos ( )函数则根据 tf2zp( )函数的结果求出各基本节系数,其调用格式为

```
[z,p,K]=tf2zp(b,a);
sos=zp2sos(z,p,K);
```

其中,b,a 为差分方程的输入、输出系数向量(或系统函数的分子、分母多项式,降幂)。

3)并联型

基于部分分式展开,将系统函数 H(z)分解为部分分式和的形式,即

$$H(z)=\frac{\sum_{m=0}^{M}b_m z^{-m}}{1+\sum_{k=1}^{N}a_k z^{-k}}=K_0+\sum_{k=1}^{N_0}\frac{\gamma_{0k}+\gamma_{1k}z^{-1}}{1+\alpha_{1k}z^{-1}+\alpha_{2k}z^{-2}}=K_0+\sum_{k=1}^{N_0}H_k(z) \tag{2-52}$$

并联型结构如图 2-47 所示。

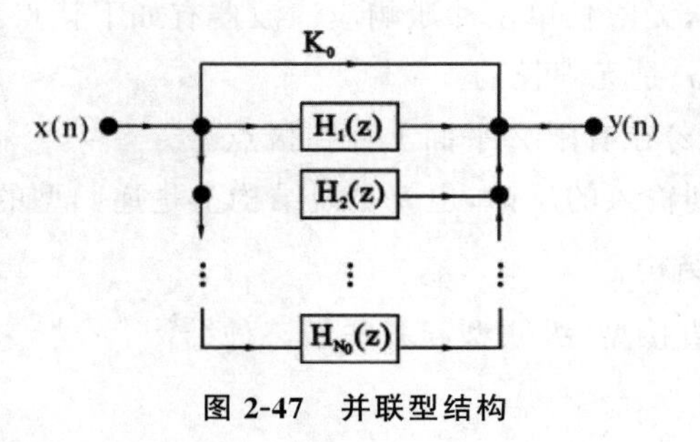

图 2-47 并联型结构

MATLAB 实现:

residue( )函数可以实现并联型结构,其有两种调用格式,即

```
[K,z,d]=residue(b,a);
[b,a]=residue(b,a);
```

实例 38　已知三阶 IIR 数字滤波器的系统函数为

$$H(z)=\frac{3+\frac{5}{3}z^{-1}+\frac{2}{3}z^{-2}}{1+\frac{1}{6}z^{-1}+\frac{1}{3}z^{-2}-\frac{1}{6}z^{-3}}$$

求：(1)直接形式的单位采样响应 h(n)；

(2)级联型结构的各基本节系数；

(3)并联型结构的部分分式系数。

MATLAB 源程序如下：

(1)

```
b=[3,5/3,2/3];
a=[1,1/6,1/3,-1/6];
x=[1,zeros(1,50)];
y=filter(b,a,x);
n=0:50;plot(n,y);
```

(2)

```
b=[3,5/3,2/3,0];
a=[1,1/6,1/3,-1/6];
[z,p,K]=tf2zp(b,a);
sos=zp2sos(z,p,K);
```

(3)

```
b=[3,5/3,2/3];
a=[1,1/6,1/3,-1/6];
[K,z,d]=residue(b,a);
KK1=[K(1),K(2)];
zz1=[z(1),z(2)];
[b2,a2]=residue(KK1,zz1,0);
```

4. 滤波器设计的通用流程

(1)按任务要求确定 filter 的性能指标；

(2)用 IIR 系统函数去逼近这一性能指标；

(3)选择适当的运算结构实现这个系统函数；

(4)用软件或者硬件实现。

5. IIR 数字滤波器的具体设计

借助模拟 filter 的设计方法(经典设计法)为：

(1)对设计性能指标中的频率指标进行转换，使其满足模拟滤波器原型设计性能指标；

(2)估计模拟滤波器最小阶数和边界频率。MATLAB 提供的函数为 buttord，cheb1ord，cheb2ord，ellipord。

具体调用格式：

巴特沃斯型：

```
[N,Wc]=buttord(Wp,Ws,Ap,As);  [N,Wc]=buttord(Wp,Ws,Ap,As,'s')
```

第一种为数字域格式，其中：Wp，Ws分别为数字滤波器的通带截止频率和阻带截止频率的归一化值，即数字频率的实际值除以π；Ap，As为通带最大衰减和阻带最小衰减（dB）；返回参数为数字滤波器的阶次N和3 dB截止频率的归一化值Wc。

第二种为模拟域格式，其中，'s'表示模拟滤波器，Wp，Ws，Wc为模拟频率实际值。

切比雪夫Ⅰ型：

```
[N,Wc]=cheb1ord(Wp,Ws,Ap,As);  [N,Wc]=cheb1ord(Wp,Ws,Ap,As,'s')
```

切比雪夫Ⅱ型：

```
[N,Wc]=cheb2ord(Wp,Ws,Ap,As);  [N,Wc]=cheb2ord(Wp,Ws,Ap,As,'s')
```

椭圆型：

```
[N,Wc]=ellipord(Wp,Ws,Ap,As);  [N,Wc]=ellipord(Wp,Ws,Ap,As,'s')
```

（3）设计模拟低通滤波器原型，MATLAB提供的函数为butter，cheby1，cheby2，ellip。

具体调用格式：

巴特沃斯型：

```
[Z,P,K]=butter(N,Wc,'ftype');  [Z,P,K]=butter(N,Wc,'ftype','s')
```

切比雪夫Ⅰ型：

```
[B,A]=cheby1(N,Ap,Wc,'ftype');  [B,A]=cheby1(N,Ap,Wc,'ftype''s')
[Z,P,K]=cheby1(N,Ap,Wc,'ftype');  [Z,P,K]=cheby1(N,Ap,Wc,'ftype''s')
```

切比雪夫Ⅱ型：

```
[B,A]=cheby2(N,Ap,Wc,'ftype');  [B,A]=cheby2(N,Ap,Wc,'ftype''s')
[Z,P,K]=cheby2(N,Ap,Wc,'ftype');  [Z,P,K]=cheby2(N,Ap,Wc,'ftype''s')
```

椭圆型：

```
[B,A]=ellip(N,Ap,As,Wc,'ftype');  [B,A]=ellip(N,Ap,As,Wc,'ftype''s')
[Z,P,K]=ellip(N,Ap,As,Wc,'ftype');  [Z,P,K]=ellip(N,Ap,As,Wc,'ftype''s')
```

（4）由模拟低通原型经频率变换获得模拟滤波器，MATLAB提供的函数为lp2lp，lp2hp，lp2bp，lp2bs。

（5）将模拟滤波器离散化获得IIR数字滤波器，MATLAB提供的函数为bilinear，impinvar。

6. IIR数字滤波器设计应用举例

1）模拟滤波器的设计

实例39 已知通带截止频率$f_p=5$ kHz，通带最大衰减$a_p=5$ dB，阻带截止频率$f_s=12$ kHz，阻带最小衰减$a_s=30$ dB，设计：（1）巴特沃斯型模拟低通滤波器；（2）切比雪夫Ⅰ型模拟低通滤波器；（3）切比雪夫Ⅱ型模拟低通滤波器；（4）椭圆型模拟低通滤波器。

MATLAB源程序如下：

(1)

```
Wp=2*pi*5000;Ws=2*pi*12000;Ap=5;As=30;
[N,Wc]=buttord(Wp,Ws,Ap,As,'s');[B,A]=butter(N,Wc,'s');
freqs(B,A);
```

(2)

```
Wp=2*pi*5000;Ws=2*pi*12000;Ap=5; As=30;
[N,Wc]=cheb1ord(Wp,Ws,Ap,As,'s')
[B,A]=cheby1(N,Ap,Wc,'s') ;freqs(B,A);
```

(3)

```
Wp=2*pi*5000;Ws=2*pi*12000;Ap=5; As=30;
[N,Wc]=cheb2ord(Wp,Ws,Ap,As,'s')
[B,A]=cheby2(N,As,Wc,'s') ;freqs(B,A);
```

(4)

```
Wp=2*pi*5000;Ws=2*pi*12000;Ap=5; As=30;
[N,Wc]=ellipord(Wp,Ws,Ap,As,'s')
[B,A]=ellip(N,Ap,As,Wc,'s') ;freqs(B,A);
```

实例 40 设计一个巴特沃斯型模拟高通滤波器，要求通带截止频率 $f_p=100$ Hz，通带最大衰减 $a_p=3$ dB，阻带截止频率 $f_s=50$ Hz，阻带最小衰减 $a_s=30$ dB。

MATLAB 源程序如下：

```
Wp=2*pi*100;Ws=2*pi*50;Ap=3;As=30;
[N,Wc]=buttord(Wp,Ws,Ap,As,'s');
[B,A]=butter(N,Wc,'high','s');freqs(B,A);
```

实例 41 设计一个椭圆型模拟带通滤波器，要求通带下限、上限频率分别为 2 kHz 和 5 kHz，通带最大衰减为 1 dB，阻带下限、上限频率分别为 1.5 kHz 和 5.5 kHz，阻带最小衰减为 40 dB。

MATLAB 源程序如下：

```
fp=[2000,5000];fs=[1500,5500];Ap=1;As=40;Wp=2*pi*fp;Ws=2*pi*fs;
[N,Wc]=ellipord(Wp,Ws,Ap,As,'s')
[B,A]=ellip(N,Ap,As,Wc,'s');
f=1000:6000;w=2*pi*f;
H=freqs(B,A,w);
subplot(2,1,1);
plot(f,20*log10(abs(H)));axis([1000,6000,-80,5]);xlabel('f/Hz');
ylabel('幅度/dB');
subplot(2,1,2);
plot(f,(angle(H)));axis([1000,6000,-5,5]);xlabel('f/Hz');
ylabel('相位/dB');grid on
```

2)数字滤波器的设计

将模拟滤波器转换成数字滤波器的实质是，用一种从 s 平面到 z 平面的映射函数将 Ha(s)

转换成 H(z)。对这种映射函数的要求是：①因果稳定的模拟滤波器转换成数字滤波器，仍是因果稳定的；②数字滤波器的频率响应模仿模拟滤波器的频率响应，s 平面的虚轴映射 z 平面的单位圆，相应的频率之间呈线性关系。脉冲响应不变法和双线性变换法都满足如上要求。

(1)脉冲响应不变法。

用数字滤波器的单位脉冲响应 h(n)模仿模拟滤波器的冲激响应 $h_a(t)$，让 h(n)正好等于 $h_a(t)$的采样值，即 $h(n)=h_a(nT)$，其中 T 为采样间隔。

(2)双线性变换法。

s 平面与 z 平面之间满足以下映射关系，即

$$s=\frac{2}{T}\frac{1-z^{-1}}{1+z^{-1}} \tag{2-53}$$

s 平面的虚轴单值地映射于 z 平面的单位圆上，s 平面的左半平面完全映射到 z 平面的单位圆内。双线性变换不存在混叠问题。

双线性变换是一种非线性变换 $\Omega=\frac{2}{T}\tan(\omega/2)$，这种非线性引起的幅频特性畸变可通过预畸得到校正。

以低通数字滤波器为例，将设计步骤归纳如下：

(1)确定数字滤波器的性能指标：通带临界频率 f_p、阻带临界频率 f_s、通带最大衰减 A_p、阻带最小衰减 A_s。

(2)确定相应的数字角频率：$\omega_p=2\pi f_p$、$\omega_s=2\pi f_s$。

(3)计算经过预畸的相应模拟低通原型的频率：$\Omega=\tan(\omega/2)$。

(4)根据 Ω_p 和 Ω_s 计算模拟低通滤波器原型的阶数 N，并求得低通原型的传递函数 $H_a(s)$。

(5)将上面的双线性变换公式代入 $H_a(s)$中，求出所设计的传递函数 H(z)。

(6)分析滤波器特性，检查其指标是否满足要求。

实例 42 基于巴特沃斯模拟滤波器原型，使用双线性变换法设计数字滤波器，其中参数指标为通带截止频率 $\omega_p=0.2\pi$，通带波动值 $R_p=1$ dB，阻带截止频率 $\omega_s=0.3\pi$，阻带波动值 $A_s=15$ dB，采用周期 T=1 s。

首先确定滤波器的阶数 N，同时根据 Ω_p 和 Ω_s 确定 $\Omega_c=0.5$；接着使用 bilinear 进行双线性变换；最后绘制频域上的各种图像。MATLAB 源代码如下：

```
%数字滤波器指标
wp=0.2*pi;ws=0.3*pi;Rp=1;As=15;
%将数字滤波器指标反转变化为模拟滤波器的参数
T=1;
fs=1/T;
omegap=(2/T)*tan(wp/2);
omegas=(2/T)*tan(ws/2);
%巴特沃斯模拟滤波器原型的设计
[N,Wc]=buttord(omegap,omegas,Rp,As,'s');
[B,A]=butter(N,Wc,'s');
```

```
%双线性变换
[b,a]=bilinear(B,A,fs);
%频域图像的绘制
freqz(b,a);
```

程序运行后,产生四阶的巴特沃斯数字滤波器,频率响应如图 2-48 所示。

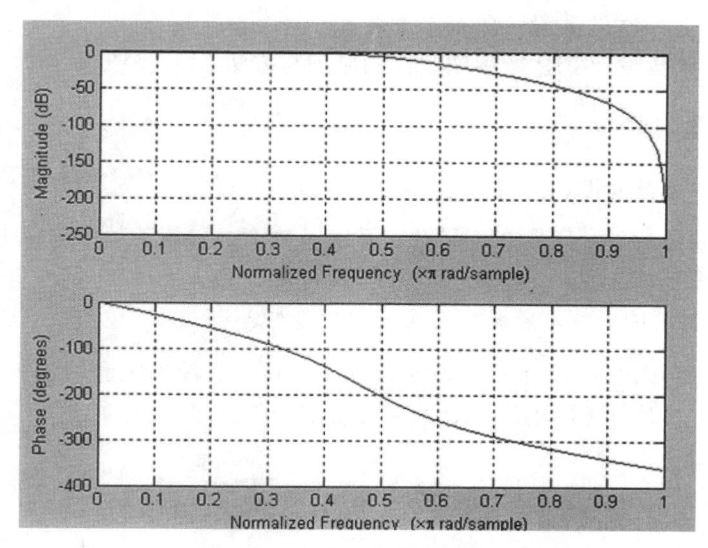

图 2-48 巴特沃斯数字滤波器

思考题

(1)已知通带截止频率 $f_p=1$ kHz,通带最大衰减 $a_p=2$ dB,阻带截止频率 $f_s=3$ kHz,阻带最小衰减 $a_s=50$ dB,设计:①巴特沃斯型模拟低通滤波器;②切比雪夫Ⅰ型模拟低通滤波器;③切比雪夫Ⅱ型模拟低通滤波器;④椭圆型模拟低通滤波器。

(2)设计一个椭圆型数字滤波器,要求采用双线性变换方法,指标参数为通带截止频率 $\omega_p=0.2\pi$,通带波动值 $R_p=1.5$ dB,阻带截止频率 $\omega_s=0.3\pi$,阻带波动值 $A_s=20$ dB。

实验报告要求

(1)简述实验目的和实验原理。

(2)对于实例 42,写出设计步骤,给出主要的设计公式和图表,写出程序及重要的注释,给出运行结果,并与手工计算结果进行比较和验证。

(3)总结实验中的主要结论,写出收获和体会。

(4)解答思考题。

实验9 FIR数字滤波器的设计

一、实验目的

(1)熟悉FIR数字滤波器设计的基本方法；

(2)掌握用窗函数设计FIR数字滤波器的原理与方法。

二、实验原理与内容

1. FIR数字滤波器的设计方法

FIR数字滤波器的设计问题在于寻求一系统函数H(z)，使其频率响应$H(e^{j\omega})$逼近滤波器要求的理想频率响应$H_d(e^{j\omega})$，其对应的单位脉冲响应为$h_d(n)$。

1)用窗函数设计FIR数字滤波器的基本原理

设计思想：从时域出发，设计h(n)逼近理想$h_d(n)$。假设理想滤波器$H_d(e^{j\omega})$的单位脉冲响应为$h_d(n)$。以低通线性相位FIR数字滤波器为例。

$$H_d(e^{j\omega})=\sum_{n=-\infty}^{\infty}h_d(n)e^{-jn\omega}$$
$$h_d(n)=\frac{1}{2\pi}\int_{-\pi}^{\pi}H_d(e^{j\omega})e^{jn\omega}d\omega \tag{2-54}$$

$h_d(n)$一般是无限长的，而且是非因果的，不能直接作为FIR数字滤波器的单位脉冲响应。要想得到一个因果的有限长的滤波器h(n)，最直接的方法是截断$h(n)=h_d(n)w(n)$，即截为有限长因果序列，并用合适的窗函数进行加权，作为FIR数字滤波器的单位脉冲响应。按照线性相位滤波器的要求，h(n)必须是偶对称或奇对称的，对称中心必须等于滤波器的延时常数，即

$$\begin{cases}h(n)=h_d(n)w(n)\\a=(N-1)/2\end{cases} \tag{2-55}$$

用矩形窗设计的低通FIR数字滤波器，所设计滤波器的幅度函数在通带和阻带都呈现振荡现象，且最大波纹大约为幅度的9%，这个现象称为吉布斯(Gibbs)现象。为了消除吉布斯现象，一般采用其他类型的窗函数。

2) 典型的窗函数

(1)矩形窗(rectangle窗)：

$$w(n)=R_N(n) \tag{2-56}$$

其频率响应和幅度响应分别为

$$W(e^{j\omega})=\frac{\sin(N\omega/2)}{\sin(\omega/2)}e^{-j\omega\frac{N-1}{2}},\quad W_R(\omega)=\frac{\sin(N\omega/2)}{\sin(\omega/2)} \tag{2-57}$$

(2)三角形窗(Bartlett窗)：

$$w(n)=\begin{cases}\dfrac{2n}{N-1} & \left(0\leqslant n\leqslant\dfrac{N-1}{2}\right)\\[2ex] 2-\dfrac{2n}{N-1} & \left(\dfrac{N-1}{2}<n\leqslant N-1\right)\end{cases} \tag{2-58}$$

其频率响应为

$$W(e^{j\omega})=\frac{2}{N}\left[\frac{\sin(N\omega/4)}{\sin(\omega/2)}\right]^2 e^{-j\omega\frac{N-1}{2}} \tag{2-59}$$

(3)汉宁窗(Hanning 窗),又称升余弦窗:

$$w(n)=\frac{1}{2}\left[1-\cos\left(\frac{2n\pi}{N-1}\right)\right]R_N(n) \tag{2-60}$$

其频率响应和幅度响应分别为

$$\begin{aligned}W(e^{j\omega})&=\left\{0.5W_R(\omega)+0.25\left[W_R(\omega-\frac{2\pi}{N-1})+W_R(\omega+\frac{2\pi}{N-1})\right]\right\}e^{-j(\frac{N-1}{2})\omega}\\&=W(\omega)e^{-j\omega a}\end{aligned} \tag{2-61}$$

$$W(\omega)=0.5W_R(\omega)+0.25\left[W_R\left(\omega-\frac{2\pi}{N-1}\right)+W_R(\omega+\frac{2\pi}{N-1})\right]$$

(4)汉明窗(Hamming 窗),又称改进的升余弦窗:

$$w(n)=\left[0.54-0.46\cos\left(\frac{2n\pi}{N-1}\right)\right]R_N(n) \tag{2-62}$$

其幅度响应为

$$W(\omega)=0.54W_R(\omega)+0.23\left[W_R\left(\omega-\frac{2\pi}{N-1}\right)+W_R\left(\omega+\frac{2\pi}{N-1}\right)\right] \tag{2-63}$$

(5)布莱克曼窗(Blackman 窗),又称二阶升余弦窗:

$$w(n)=\left[0.42-0.5\cos\left(\frac{2n\pi}{N-1}\right)+0.08\cos\left(\frac{4n\pi}{N-1}\right)\right]R_N(n) \tag{2-64}$$

其幅度响应为

$$\begin{aligned}W(\omega)=&0.42W_R(\omega)+0.25\left[W_R\left(\omega-\frac{2\pi}{N-1}\right)+W_R\left(\omega+\frac{2\pi}{N-1}\right)\right]\\&+0.04\left[W_R\left(\omega-\frac{4\pi}{N-1}\right)+W_R\left(\omega+\frac{4\pi}{N-1}\right)\right]\end{aligned} \tag{2-65}$$

(6)凯塞窗(Kaiser 窗):

$$w(n)=\frac{I_0\left\{\beta\sqrt{1-[1-2n/(N-1)]^2}\right\}}{I_0(\beta)},\quad 0\leqslant n\leqslant N-1 \tag{2-66}$$

式中:β 是一个可选参数,用来选择主瓣宽度和旁瓣衰减之间的交换关系,一般来说,β 越大,过渡带越宽,阻带越小,衰减越大;$I_0()$是第一类修正零阶贝塞尔函数。

若阻带最小衰减表示为 $A_s=-20\log_{10}\delta_s$,β 可采用下述经验公式确定,即

$$\beta=\begin{cases}0 & (A_s\leqslant 21)\\0.5842(A_s-21)^{0.4}+0.07886(A_s-21) & (21<A_s\leqslant 50)\\0.1102(A_s-8.7) & (A_s>50)\end{cases} \tag{2-67}$$

当滤波器通带和阻带波纹相等,即 $\delta_p=\delta_s$ 时,滤波器节数可通过下式确定,即

$$N=\frac{A_s-7.95}{14.36\Delta F}+1 \tag{2-68}$$

式中,$\Delta F=\frac{\Delta\omega}{2\pi}=\frac{\omega_s-\omega_p}{2\pi}$。

3)利用窗函数设计FIR数字滤波器的具体步骤

(1)确定数字滤波器的性能要求、临界频率ω_k、单位脉冲响应长度N。

(2)根据性能要求,合理选择单位脉冲响应h(n)的奇偶对称性,从而确定理想频率响应$H_d(e^{j\omega})$的幅频特性和相频特性。

(3)求理想单位脉冲响应$h_d(n)$。在实际计算中,可对$H_d(e^{j\omega})$采样,并对其求IDFT的$h_M(n)$,用$h_M(n)$代替$h_d(n)$。

(4)选择适当的窗函数w(n),根据$h(n)=h_d(n)W_N(n)$求所需设计的FIR数字滤波器单位脉冲响应。

(5)求$H(e^{j\omega})$,分析其幅频特性,若不满足要求,可适当改变窗函数形式或长度N,重复上述设计过程,得到满意的结果。

2. FIR数字滤波器的MATLAB实现

MATLAB提供相关函数,这些函数的调用格式为

```
b=fir1(n,wc)
b=fir1(n,wc,'ftype')
b=fir1(n,wc,window)
b=fir1(n,wc,'ftype',window)
```

其中:n为FIR数字滤波器的阶数,对于高通、带阻滤波器,n取偶数;wc为滤波器截止频率;'ftype'为滤波器类型;window为窗函数(列向量,其长度为n+1),缺省时自动取汉明窗。

实例43 设计一个34阶高通FIR数字滤波器,截止频率为0.48 Hz,使用具有30 dB波纹的Chebyshev窗。

MATLAB源程序如下:

```
b=fir1(34,0.48,'high',chebwin(35,30));
freqz(b,1,512)
```

仿真波形如图2-49所示。

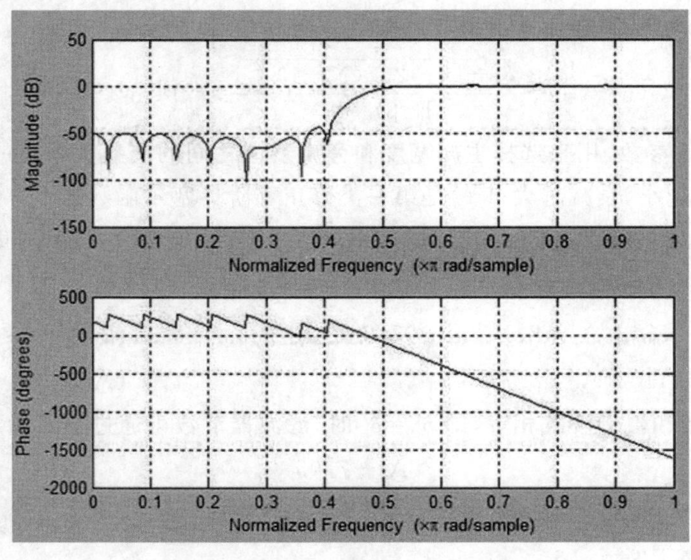

图2-49 34阶高通FIR数字滤波器

实例 44

设计具有下列指标的低通 FIR 数字滤波器：

$$\omega_p=0.2\pi, R_p=0.25\ \mathrm{dB},$$

$$\omega_s=0.3\pi, A_S=50\ \mathrm{dB}。$$

由于阻带最小衰减为 50 dB,因此可以选择汉明窗函数来实现这个滤波器,因为它具有较小的过渡带。

MATLAB 源程序如下：

```
%数字滤波器指标
clc;
clear;
wp=0.2*pi;
ws=0.3*pi;
%窗长度及群延时的计算
tr_width=ws-wp;  %过渡带宽
wc=(ws+wp)/2;
M=ceil(6.6*pi/tr_width)+1;          %窗长度 ceil:朝正无穷方向舍入
n=0:M-1;
T=(M-1)/2;     %群延时 τ
hd=ideal_lp(wc,M);     %函数 hd=(sin(wc*(n-T)))./(pi*(n-T)),单位抽样响应
%生成 hamming 窗
w_ham=(hamming(M))';  %转置
%频域图像的绘制
figure(1);
h=hd.*w_ham;     %加窗
[H,w]=freqz(h);
plot(w,20*log10(abs(H)));
grid on
%b=fir1(M-1,wc,hamming(M));
%freqz(b,1,512)
figure(2)
subplot(3,1,1);
stem(n,w_ham);
title('hamming 窗')
axis([0 M-1 -0.3 1.2]);
xlabel('n');
ylabel('w(n)')
subplot(3,1,2);
stem(n,hd);
title('理想脉冲响应')
axis([0 M-1 -0.3 0.3]);
xlabel('n');
```

```
ylabel('hd(n)')
subplot(3,1,3);
stem(n,h);
title('实际脉冲响应')
axis([0 M-1 -0.3 0.3]);
xlabel('n');
ylabel('h(n)')
```

注意：

ideal_lp 函数的程序如下：

```
hd=(sin(wc*(n-τ)))./(pi*(n-τ));
function hd=ideal_lp(wc,M)
alpha=(M-1)/2;
n=0:M-1;
m=n-alpha+eps;                    %eps 为很小的数，避免被 0 除
hd=sin(wc*m)./(pi*m);             %用 Sinc 函数产生冲击响应
```

响应波形如图 2-50 所示。

实例 45 针对一个含有 5 Hz、15 Hz 和 30 Hz 的混合正弦波信号，设计一个带通 FIR 数字滤波器。

参数要求：采样频率 $f_s=100$ Hz，下限截止频率 $f_{cl}=10$ Hz，上限截止频率 $f_{ch}=20$ Hz，过渡带宽为 6 Hz，通、阻带波动为 0.01 dB，采用凯塞窗函数设计。

MATLAB 源程序如下：

```
clc;
clear;
fcl=10;
fch=20;
fs=100;
[N,Wc,beta,ftype]=kaiserord([7 13 17 23],[0 1 0],[0.01 0.01 0.01],100);
%[n,Wc,beta,ftype]=kaiserord(f,m,dev,Fs),f 为 fph、fpl、fsh、fsl,m 为阻带通带阻
 带的幅度加权,dev 为阻带通带阻带的波纹,Fs 为采样频率
window=kaiser(N+1,beta);                %使用 Kaiser 窗函数
hn=fir1(N,Wc,window);               %使用标准频率响应,加窗设计函数 fir1
figure(1);
smp=100;           %设置横轴显示的范围
freqz(hn,1,smp);                        %数字滤波器频率响应
%%%%%%%%%%%%%%%%%%对信号 s 进行滤波
t=(0:smp-1)/fs;
s=sin(2*pi*t*5)+sin(2*pi*t*15)+sin(2*pi*t*30);
sf=filter(hn,1,s);          %对信号 s 进行滤波
f=fs*(0:49)/smp;  %例 f=1000*(0:256)/512;    %设置频率轴(横轴)坐标,1000 为采样频
                                               率;
```

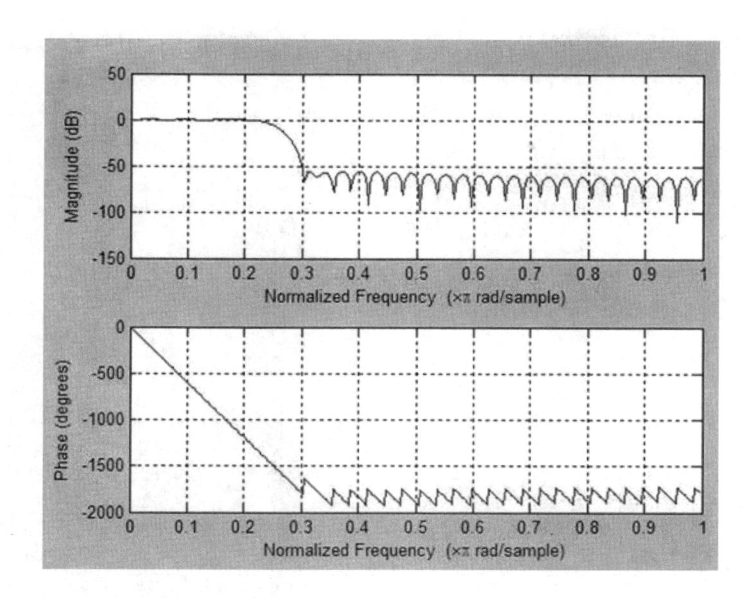

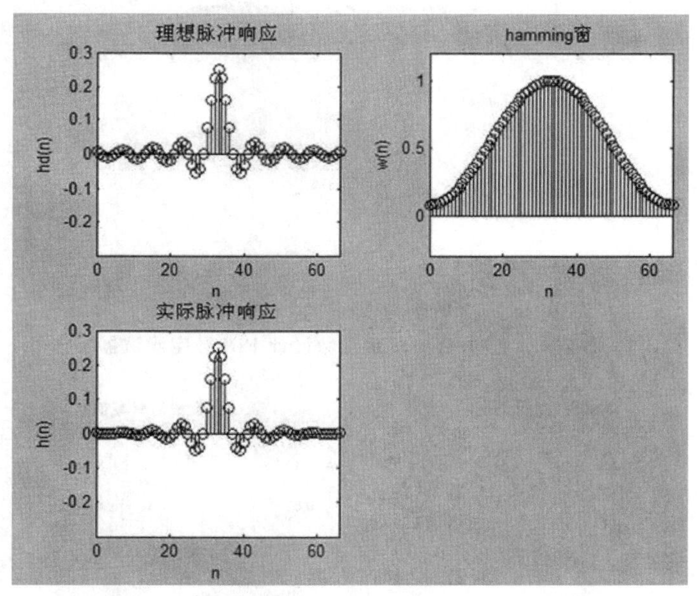

图 2-50 利用 Hamming 窗函数设计 FIR 数字滤波器

```
S=fft(s,smp);
SF=fft(sf,smp);
S1=abs(S);
SF1=abs(SF);
figure(2);
subplot(2,2,1);
plot(t,s)                    %画出时域内的混合正弦波信号
title('滤波前时域信号');
subplot(2,2,2);
plot(t,sf)                   %画出时域内滤波后的信号
```

```
title('滤波后时域信号');
subplot(2,2,3);
plot(f,S1(1:50));        %画出频域内的混合正弦波信号
title('滤波前频域信号');
subplot(2,2,4);
plot(f,SF1(1:50));       %画出频域内滤波后的信号
title('滤波后频域信号');
```

响应波形如图 2-51 和图 2-52 所示。

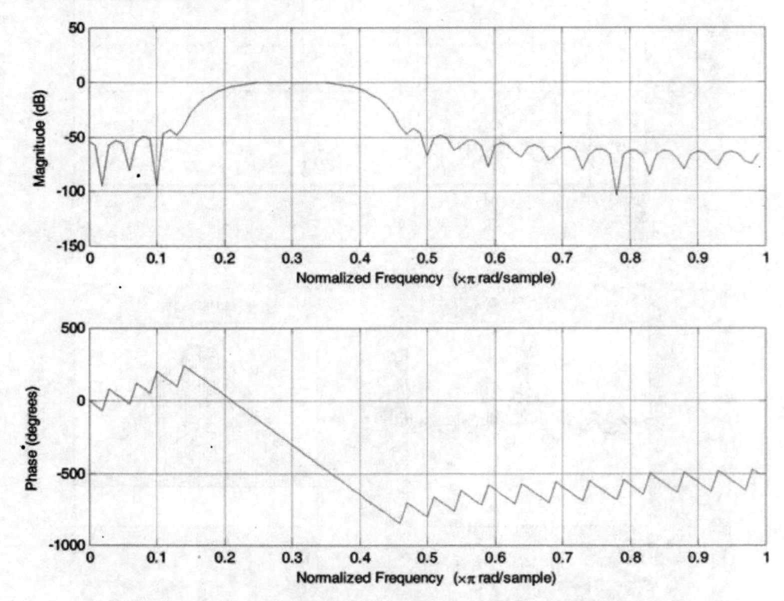

图 2-51 利用 Kaiser 窗函数设计 FIR 数字滤波器

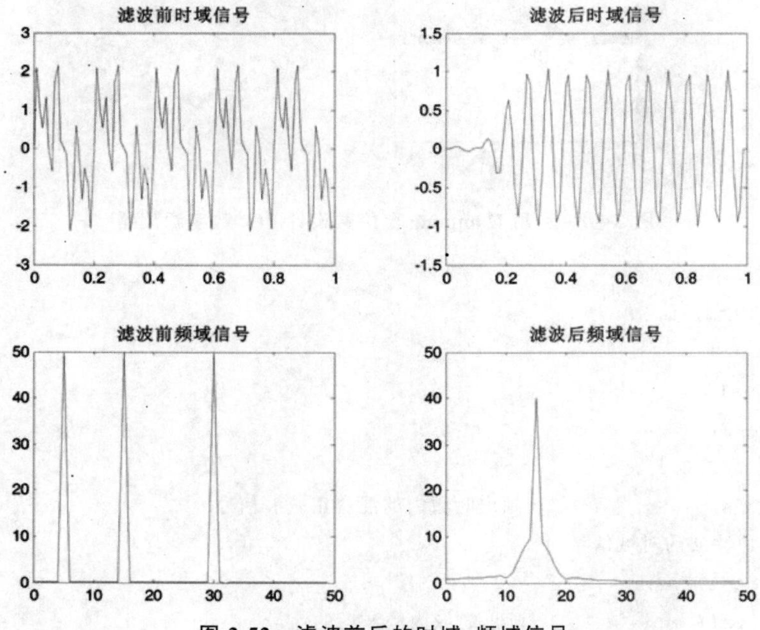

图 2-52 滤波前后的时域、频域信号

思考题

(1)利用 Hamming 窗函数设计一个 48 阶带通 FIR 数字滤波器，通带 Wn=[0.35 0.65]，b=fir1(n,wc,window)。

(2)利用矩形窗函数和汉明窗函数设计一个低通 FIR 数字滤波器，已知 $\omega_c=0.25\pi$，N=10，b=fir1(n,wc,'ftype',window)，矩形窗 boxcar()，汉明窗 hamming()。

(3)利用窗函数完成数字带通滤波器的设计，并画出所设计滤波器的幅频响应特性。滤波器的性能指标如下：低端阻带边界频率 $\omega_{s1}=0.2\pi$，高端阻带边界频率 $\omega_{s2}=0.8\pi$，阻带最小衰减 $a_s=60$ dB，低端通带边界频率 $\omega_{p1}=0.35\pi$，高端通带边界频率 $\omega_{p2}=0.65\pi$，通带最大衰减 $a_p=1$ dB。

实验报告要求

(1)简述实验原理及实验目的。

(2)给出实验结果，并对结果进行分析。

(3)记录调试运行情况及所遇到问题的解决方法。

(4)解答思考题。

第 3 部分　语音信号处理

实验 10　语音信号的产生及分析

一、实验目的

(1)了解语音信号的产生原理；

(2)了解语音信号的特点。

二、实验原理与内容

1. 语音信号的特点

通过对大量语音信号的观察和分析，发现语音信号主要有下面两个特点：

(1)在频域内，语音信号的频谱分量主要集中在 300～3400 Hz 范围内。利用这个特点，可以用一个抗混叠的带通滤波器将此范围内的语音信号频率分量取出，然后按 8 kHz 的采样率对语音信号进行采样，即可得到离散的语音信号。

(2)在时域内，语音信号具有"短时性"的特点，即在整体上语音信号的特征是随着时间的变化而变化的，但在一段较短的时间间隔内，语音信号保持平稳。在浊音段表现出信号的周期特性，在清音段表现出随机噪声的特征。

2. 语音信号的产生

人类声音分为清音和浊音，再加上共振腔(声道)的作用，即可形成语音信号。清音又称无声音。当气流速度达到某一临界速度时会引起湍流，此时声带不振动，声道相当于被噪声状随机波激励，产生较小幅度的声波，其波形与噪声很像，这就是清音。清音信号没有准周期性，为随机噪声。

发浊音时声带在气流的作用下准周期地开启和闭合，从而在声道中激励为准周期的声波，即浊音为周期信号。

声音在经过共振腔时，受到腔体的滤波作用，使得频域中不同频率的能量重新分配，一部分因为共振作用得到强化，一部分受到衰减，强的部分出现峰值，即为共振峰。共振腔等效为线性滤波器。

因此，可以基于人类语音的产生机理建立数学模型，根据输入语音得出模型参数，由该参数来表征语音信号。图 3-1 所示为语音信号产生模型。

3. 语音信号的处理

语音信号的处理主要包括信号的提取和回放、调整、变换和滤波等。

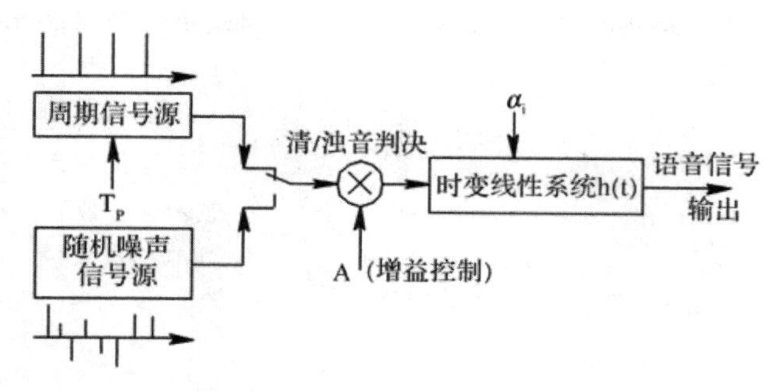

图 3-1 语言信号产生模型

1)提取和回放

采用手机或电脑录制一段语音信号,文件格式为.wav,若为其他格式文件,则先将其转换成 wav 格式。通过 MATLAB 中的调用语音信号命令来实现对原始语音信号的调用,读取函数 wavread 的调用格式有:

(1)

```
y=wavread(file)
```

读取 file 所规定的 wav 文件,返回采样值存储在向量 y 中。

(2)

```
[y,fs,bits]=wavread(file)
```

采样值存储在向量 y 中,fs 表示采样频率(Hz),bits 表示采样位数。

(3)

```
y=wavread(file,N)
```

读取前 N 点的采样值存储在向量 y 中。

(4)

```
y=wavread(file,[N1,N2])
```

读取从 N1 到 N2 点的采样值存储在向量 y 中。

语音信号的回放函数 sound 的调用格式为

```
sound(y,fs)
```

其中,y 为语音信号,fs 表示采样频率(Hz)。

2)调整

在设计的用户图形界面下对输入的语音信号进行各种变化,如变化幅度、改变频率等操作,以实现对语音信号的调整。

3)变换

在设计的用户图形界面下对采集的语音信号进行 Fourier、FFT 等变换,并画出变换前后的波形图。

4)滤波

滤除语音信号中的噪声部分,可采用低通滤波、高通滤波、带通滤波和带阻滤波,并比较各种滤波后的效果。

4. 程序示例

实例 1 首先利用手机或电脑录制一段音乐,时间在 3 s 内,存为文件 tonghua.wav,若文件为其他格式,则先将其转换成 wav 格式。利用函数 wavread 对语音信号进行采集,并画出语音信号的时域波形，然后对语音信号进行快速傅里叶变换，得到信号的频谱。

MATLAB源程序如下：

```
clear all;
i=1;
[x,fs,bits]=wavread('tonghua.wav');        %x表示语音数据,fs表示采样频率,bits
                                            表示采样点数
sound(x,fs,bits);             %语音回放
N=length(x);
n=0:N-1;
X=fft(x,N);        %对语音信号进行快速傅里叶变换,得出频谱
subplot(2,2,1)
plot(n,x);          %画出原始语音信号的波形
title('原始语音信号时域波形');
subplot(2,2,2)
plot(X);
title('原始语音信号频谱');
subplot(2,2,3)
plot(n,abs(X));
title('原始语言信号的幅度');
subplot(2,2,4)
plot(n,angle(X));
title('原始语言信号的相位');
```

运行结果如图3-2所示。

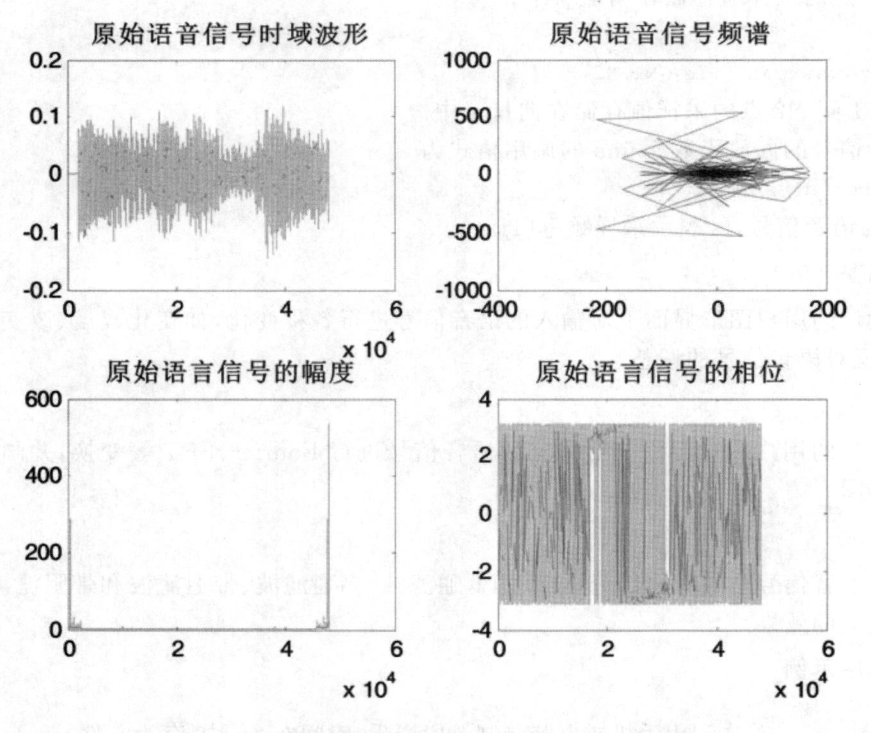

图3-2　原始语音信号时域、频域、幅度、相位波形

实例 2 在设计中，可以将语音信号的采样频率提高或降低，以实现语音信号的调整，得到所需的语音信号。例如将采样频率提高一倍，即可得到语音信号频率为原频率两倍的新语音信号。

频率调整程序如下：

```
clc,clear;
[x,fs,bits]=wavread('tonghua.wav');
t=(0:length(x)-1)/(2*fs);              %计算样本时刻
subplot(211);plot(x);                  %画出原始语音信号的波形
legend('原信号波形');
sound(x,2*fs,bits);                    %听取 2 倍频后的语音
wavwrite(x,2*fs,bits,'调频');           %将 2 倍频后的语音保存为"调频.wav"
subplot(212);plot(t,x);                %画频率调整后的波形图
legend('2 倍频后信号波形');
xlabel('Time(s)');
ylabel('Amplitude');
```

运行结果如图 3-3 所示。

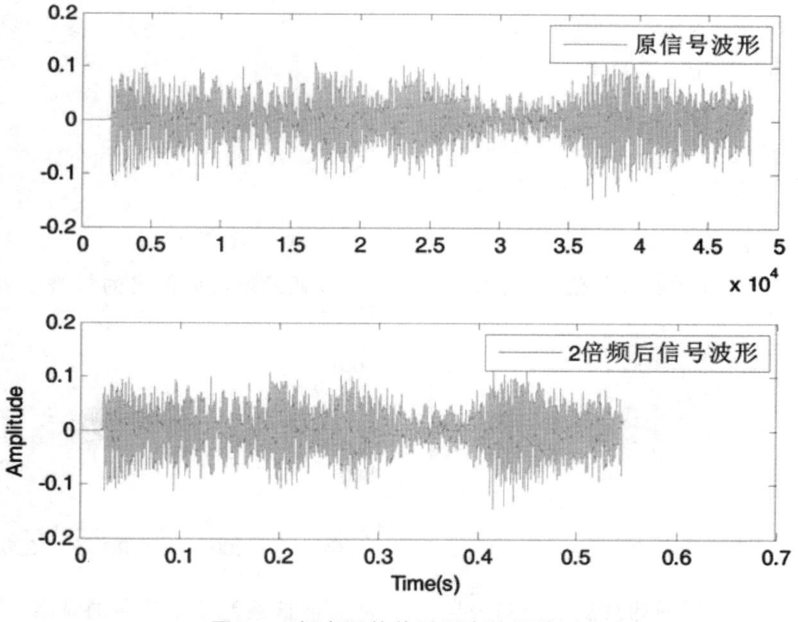

图 3-3　频率调整前后语音信号波形

实例 3 语音信号的低通滤波。前面设计了一个截止频率为 200 Hz 的切比雪夫Ⅰ型低通滤波器，它的性能指标为 $\omega_p=0.075\pi$，$\omega_s=0.125\pi$，$R_p=0.25$ dB，$R_s=50$ dB，采用该滤波器对语音信号进行低通滤波。

MATLAB 源程序如下：

```
clc,clear;
[x,fs,bits]=wavread('tonghua.wav');
```

```
m=length(x);
n=0:m-1;
wp=0.075;ws=0.125;Rp=0.25;Rs=50;
[N,Wn]=cheb1ord(wp,ws,Rp,Rs);
%[b,a]=cheby1(N,Rp,Wn);
[b,a]=cheby1(N,Rp,Wn);
X=fft(x);
figure(1)
subplot(221);plot(x);title('低通滤波前信号的波形');
subplot(222);plot(X);title('低通滤波前信号的频谱');
y=filter(b,a,x);                %IIR低通滤波
sound(y,fs,bits);                 %听取滤波后的语音信号
wavwrite(y,fs,bits,'低通');        %将滤波后的信号保存为"低通.wav"
Y=fft(y);
subplot(223);plot(y);title('IIR低通滤波后信号的波形');
subplot(224);plot(Y);title('IIR低通滤波后信号的频谱');
figure(2)
subplot(211)
plot(n,abs(X));
title('原始信号的幅度');
subplot(212)
plot(n,abs(Y));
title('低通滤波后信号的幅度');
```

运行结果如图3-4、图3-5所示。

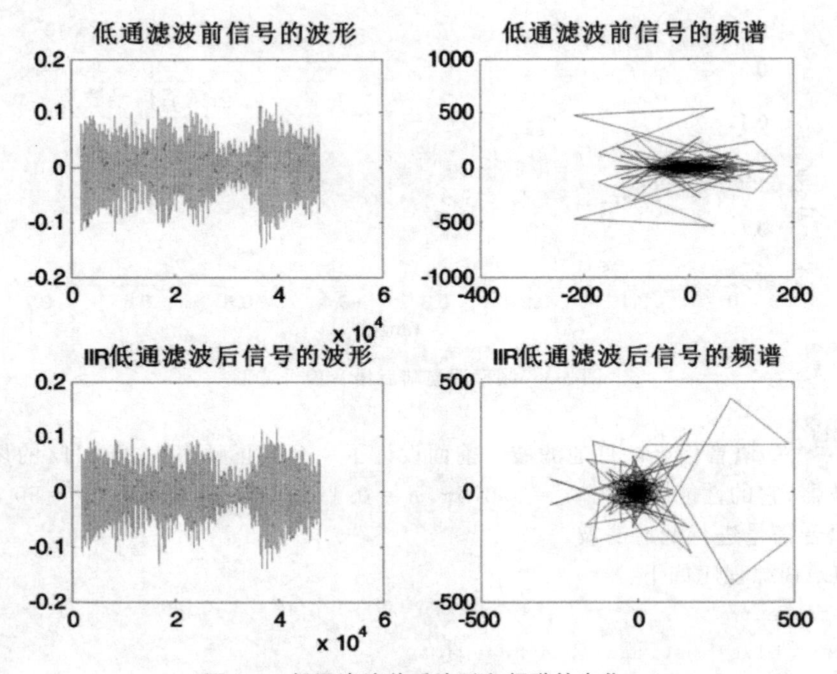

图3-4　低通滤波前后波形和频谱的变化

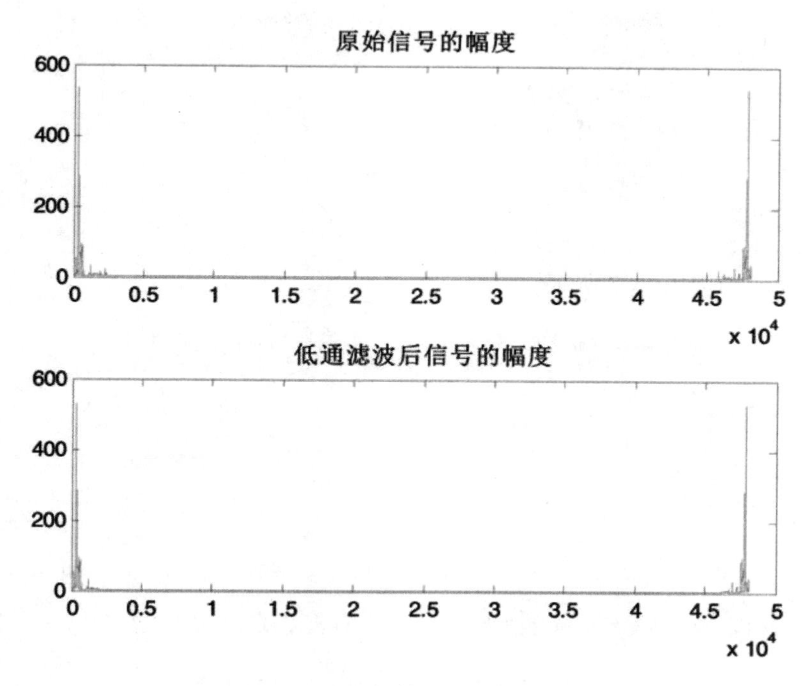

图 3-5　低通滤波前后幅度的变化

实例 4　语音信号的高通滤波。运用切比雪夫Ⅱ型数字高通滤波器，对语音信号进行滤波处理。高通滤波器的性能指标为 $\omega_p=0.55$ rad，$\omega_s=0.475$ rad，$R_p=0.25$ dB，$R_s=50$ dB。

MATLAB 源程序如下：

```
clc,clear;
[x,fs,bits]=wavread('tonghua.wav');
m=length(x);
n=0:m-1;
wp=0.55;ws=0.475;Rp=0.25;Rs=50;
[N,Wn]=cheb2ord(wp,ws,Rp,Rs);
%[b,a]=cheby2(N,Rs,Wn);
[b,a]=cheby2(N,Rs,Wn,'high');
X=fft(x);
figure(1)
subplot(221);plot(x);title('高通滤波前信号的波形');
subplot(222);plot(X);title('高通滤波前信号的频谱');
y=filter(b,a,x);
sound(y,fs,bits);                    %听取滤波后的语音
wavwrite(y,fs,bits,'高通');                %将滤波后的语音保存为“高通.wav”
Y=fft(y);
subplot(223);plot(y);title('IIR 高通滤波后信号的波形');
subplot(224);plot(Y);title('IIR 高通滤波后信号的频谱');
```

```
figure(2)
subplot(211);
plot(n,abs(X));
title('原始信号的幅度');
subplot(212);
plot(n,abs(Y));
title('高通滤波后信号的幅度');
```

运行结果如图 3-6、图 3-7 所示。

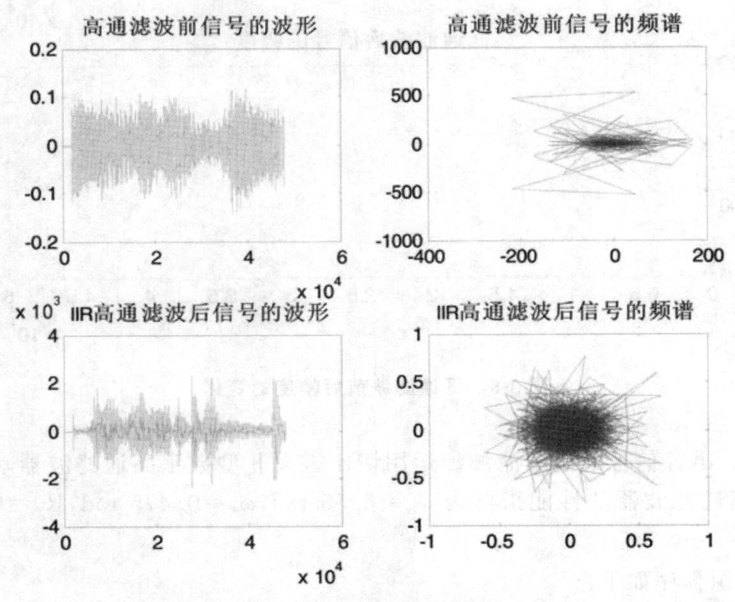

图 3-6 高通滤波前后波形和频谱的变化

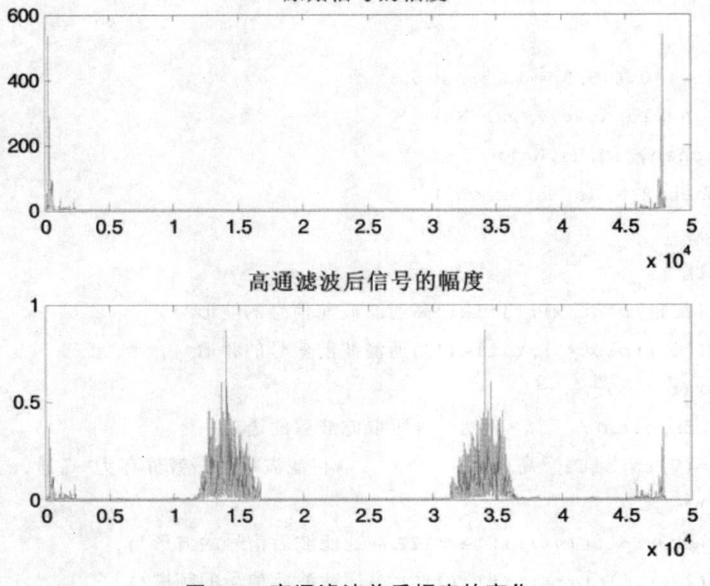

图 3-7 高通滤波前后幅度的变化

实例 5 语音信号的带通滤波。运用巴特沃斯带通滤波器对语音信号进行滤波，带通滤波器的性能指标为 $N=5$，$\omega_c=[0.3\quad 0.6]$。

MATLAB 源程序如下：

```
clc,clear;
[x,fs,bits]=wavread('tonghua.wav');
m=length(x);
n=0:m-1;N=5;wc=[0.3 0.6];
[b,a]=butter(N,wc);
X=fft(x);
subplot(221);plot(x);title('带通滤波前信号的波形');
subplot(222);plot(X);title('带通滤波前信号的频谱');
y=filter(b,a,x);                    %IIR 带通滤波
Y=fft(y);
sound(y,fs,bits);                   %听取滤波后的语音
wavwrite(y,fs,bits,'带通');                %将滤波后的语音保存为"带通.wav"
subplot(223);plot(y);title('IIR 带通滤波后信号的波形');
subplot(224);plot(Y);title('IIR 带通滤波后信号的频谱');
figure(2)
subplot(211);plot(n,abs(X));
title('原始信号的幅度');
subplot(212);plot(n,abs(Y));
title('带通滤波后信号的幅度');
```

运行结果如图 3-8、图 3-9 所示。

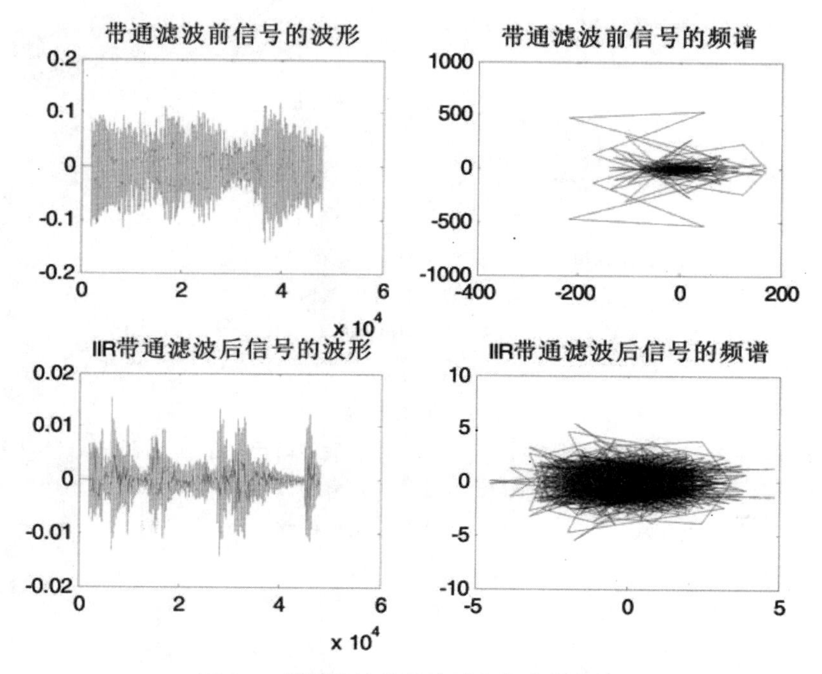

图 3-8　带通滤波前后波形和频谱的变化

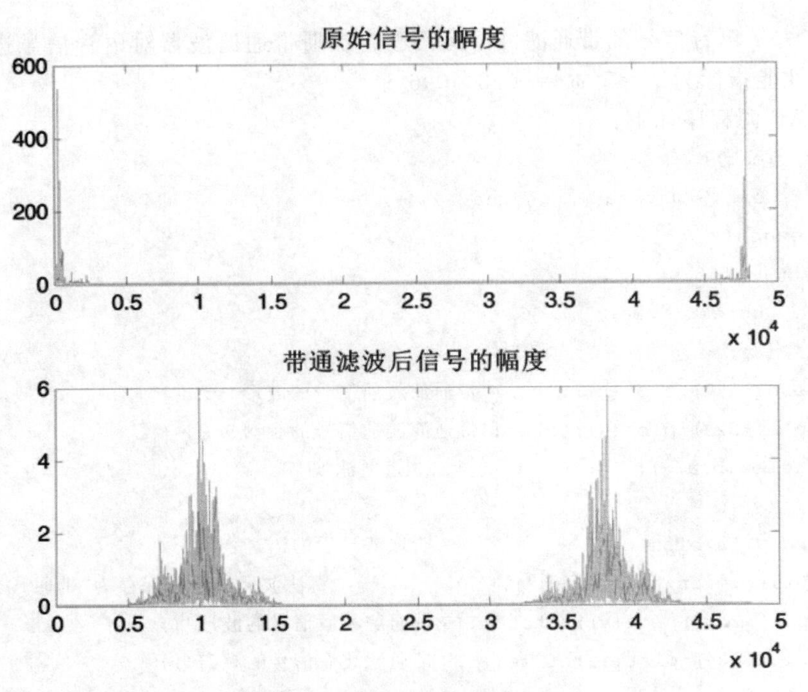

图 3-9 带通滤波前后幅度的变化

实例 6 语音信号的带阻滤波。运用巴特沃斯数字带阻滤波器对语音信号进行滤波，带阻滤波器的性能指标为 $N=5,\omega_c=[0.2\quad 0.7]$。

MATLAB 源程序如下：

```
clc,clear;
[x,fs,bits]=wavread('tonghua.wav');
m=length(x);
n=0:m-1;
N=5;wc=[0.2 0.7];
[b,a]=butter(N,wc,'stop');
X=fft(x);
subplot(221);plot(x);title('滤波前信号的波形');
subplot(222);plot(X);title('滤波前信号的频谱');
y=filter(b,a,x);              %IIR 带阻滤波
Y=fft(y);
sound(y,fs,bits);              %听取滤波后的语音
wavwrite(y,fs,bits,'带阻');        %将滤波后的语音保存为“带阻.wav”
subplot(223);plot(y);title('IIR 滤波后信号的波形');
subplot(224);plot(Y);title('IIR 滤波后信号的频谱');
figure(2)
subplot(211)
plot(n,abs(X));
title('原始信号的幅度');
```

```
subplot(212)
plot(n,abs(Y));
title('带阻滤波后信号的幅度');
```

运行结果如图 3-10、图 3-11 所示。

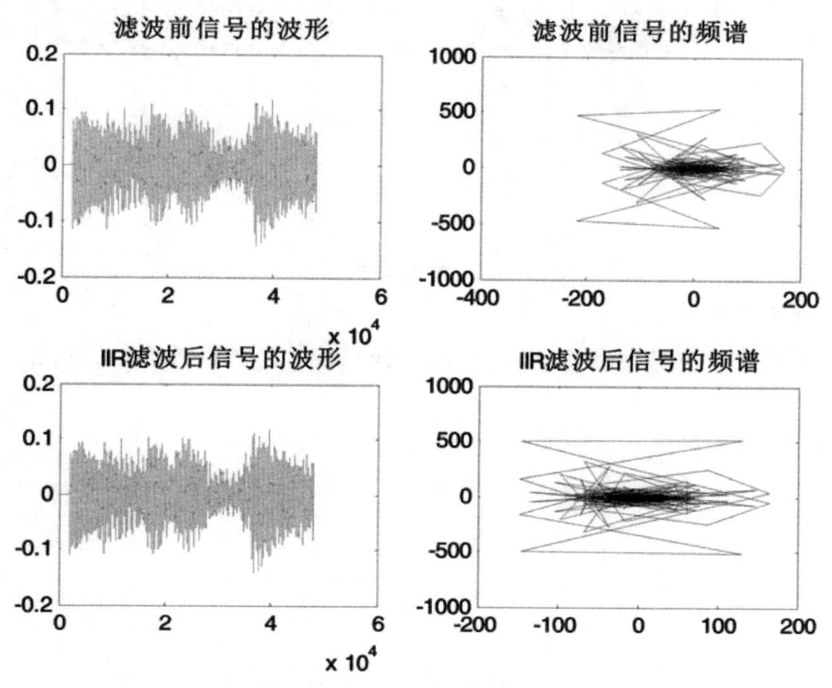

图 3-10　带阻滤波前后波形和频谱的变化

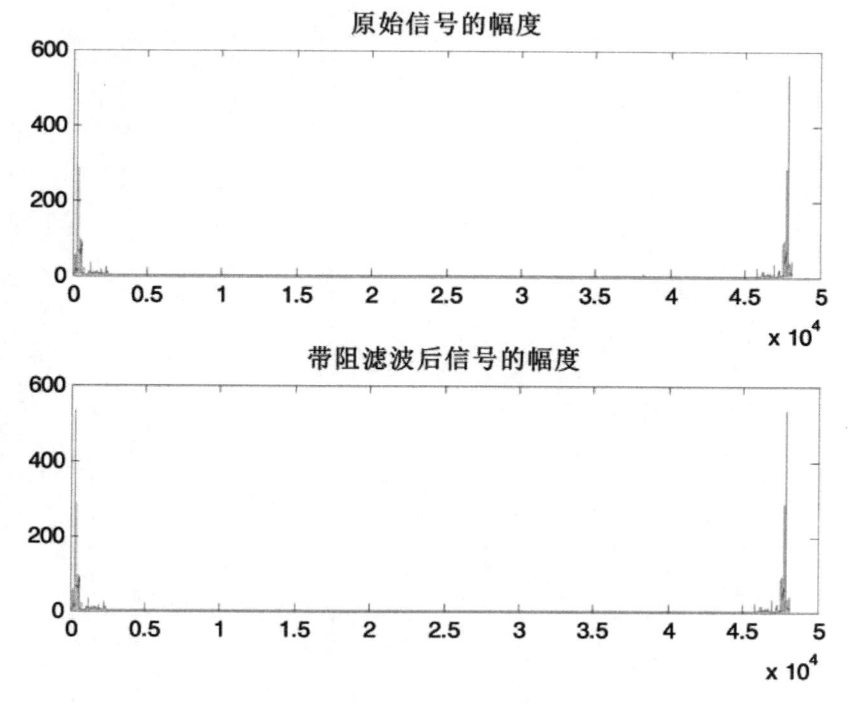

图 3-11　带阻滤波前后幅度的变化

思考题

(1)自行产生一段 2 s 的语音信号,要求回放该语音信号,并画出其时域、频域波形。

(2)对思考题(1)中的信号进行 4 倍频处理,绘制其波形。

(3)对思考题(1)中的信号进行低通、高通、带通、带阻滤波,绘制初期时域、频域波形。

实验报告要求

(1)简述实验目的。

(2)整理思考题的程序,标注关键语句实现的功能,打印运行结果图形,并粘贴在实验报告上。

(3)总结实验心得体会。

实验11 语音增强

一、实验目的

(1)了解语音信号的增强原理。

(2)了解语音信号的增强方法。

二、实验原理与内容

1. 语音增强原理

语音增强的目标是从含有噪声的语音信号中提取尽可能纯净的原始语音。然而,由于干扰通常都是随机的,从带噪语音中提取完全纯净的语音几乎不可能。在这种情况下,语音增强的目的主要有两个:一是改善语音质量,消除背景噪声,使听者乐于接受,不感觉疲劳,这是一种主观度量;二是提高语音可懂度,这是一种客观度量。这两个目的往往不能兼得,所以实际应用中总是视具体情况而有所侧重。

带噪语音的噪声类型可以分为加性噪声和非加性噪声。加性噪声有宽带、窄带、平稳、非平稳、白噪声、有色噪声等,非加性噪声如乘性噪声、卷积噪声等。一般语音增强处理的噪声指环境中的噪声,而这些噪声主要是高斯白噪声。

根据语音和噪声的特点,出现了多种语音增强算法,比较常用的有噪声对消法、谱相减法、维纳滤波法、卡尔曼滤波法、FIR 自适应滤波法等。此外,随着科学技术的发展,又出现了一些新的语音增强技术,如基于神经网络的语音增强方法、基于 HMM 的语音增强方法、基于听觉感知的语音增强方法、基于多分辨率分析的语音增强方法、基于语音产生模型的线性滤波法、基于小波变换的语音增强方法、梳状滤波法、自相关法、基于语音模型的语音增强方法等。

2. 语音增强方法

1)滤波法

滤波法语音增强技术,实际上是设法削减语音信号中的噪声,以实现增强语音信号的目的。通常采用两种滤波方法:一种是陷波器,一种是自适应滤波器。陷波器适用于滤除周期性噪声;自适应滤波器实质上是先对噪声进行估计,然后在语音信号中扣除它。

2)谱减法

所谓谱减法,是指用带噪语音信号的功率谱减去噪声功率谱,从而得到较为纯净的语音信号的语音增强技术。使用谱减法进行语音增强时,假设满足了四个前提条件:噪声是叠加的、噪声与语音不相关、对纯净语音无先验知识以及对统计噪声有先验知识。

带噪语音模型为

$$y(n)=x(n)+v(n) \tag{3-1}$$

式中,$y(n)$是带噪语音,$x(n)$是纯净语音,$v(n)$是噪声。对上式两边进行傅里叶变换,得

$$Y(k)=X(k)+N(k) \tag{3-2}$$

由于对噪声的统计参数未知,所以在实际应用中,通常使用非语音段噪声谱的均值来作为对噪声谱 $N(k)$的估计,即

$$\hat{N}(j\omega)=E[|N(j\omega)|]\cong|\bar{N}(j\omega)|=\frac{1}{K}\sum_{i=0}^{K-1}|N_i(j\omega)| \tag{3-3}$$

则对纯净语音幅度谱的估量可表示为

$$|\hat{X}(k)|=\begin{cases}|Y(k)|-|\hat{N}(k)| & (|Y(k)|-|\hat{N}(k)|\geqslant 0)\\ 0 & (\text{其他})\end{cases} \tag{3-4}$$

把带噪语音的相位 $\theta_y(e^{j\omega})$ 当作纯净语音的相位，那么纯净语音频谱的估量为

$$\hat{X}(e^{j\omega})=|\hat{X}(e^{j\omega})|e^{j\theta_y(e^{j\omega})}\rightarrow x(n)=\mathrm{IFT}\{\hat{X}(e^{j\omega})\} \tag{3-5}$$

3. 程序示例

将随机噪声信号加入原始语音信号，MATLAB 函数为 randn，它是产生正态分布的随机数或矩阵的函数，其调用格式为

```
Y=randn(n)
```

返回一个 n×n 的随机项矩阵。如果 n 不是一个数量，将返回错误信息。

```
Y=randn(m,n)
```

或

```
Y=randn([m n])
```

返回一个 m×n 的随机项矩阵。

```
Y=randn(m,n,p,...)
```

或

```
Y=randn([m n p...])
```

产生随机数组。

```
Y=randn(size(A))
```

返回一个和 A 有相同维数的随机数组。

```
randn()
```

返回一个每次都变化的数量。

实例 7 带噪语音信号的合成。给原始语音信号叠加随机噪声，绘制加噪前后的信号时域、频域波形。

MATLAB 程序如下：

```
clc,clear;
%fs=22050
[x,fs,bits]=wavread('tonghua.wav');  %x表示语音数据,fs表示采样频率,bits表示
                                      采样点数
N=length(x)
y1=fft(x,N);    %对语音信号进行快速傅里叶变换,得出频谱
n=0:N-1;
%f=fs*(0:511)/1024;
x1=rand(2,length(x))';
x2=x1+x;
%sound(x)
%sound(x2);
figure(1)
```

```
subplot(211)
plot(x);
title('原始信号时域波形');
xlabel('时间');
ylabel('幅度')
subplot(212)
plot(x2);
title('加高斯噪声后时域波形');
xlabel('时间');
ylabel('幅度');
y2=fft(x2,N);
figure(2)
subplot(211)
plot(abs(y1));
title('原始信号频谱');
xlabel('频率');
ylabel('幅度');
subplot(212)
plot(abs(y2));
title('加噪信号频谱');
xlabel('频率');
ylabel('幅度');
```

运行结果如图 3-12、图 3-13 所示。

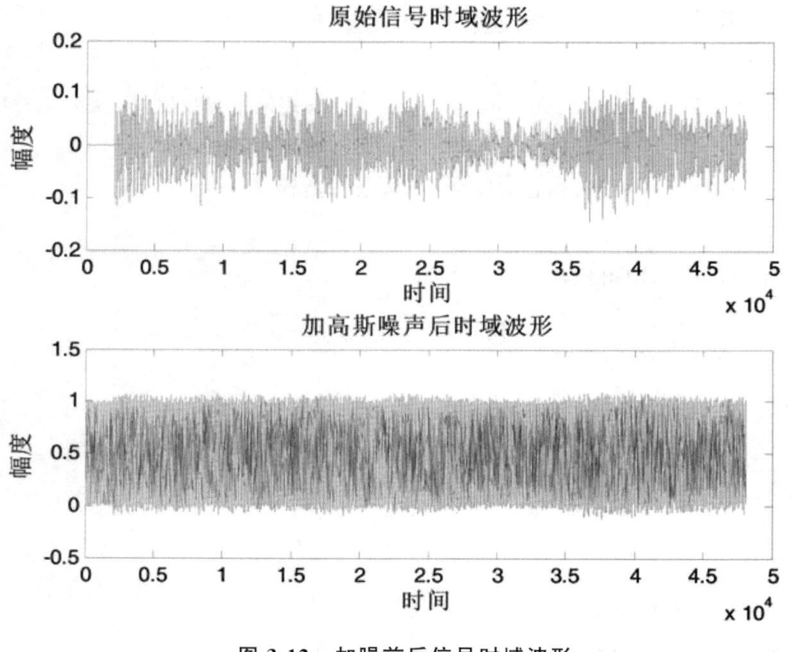

图 3-12　加噪前后信号时域波形

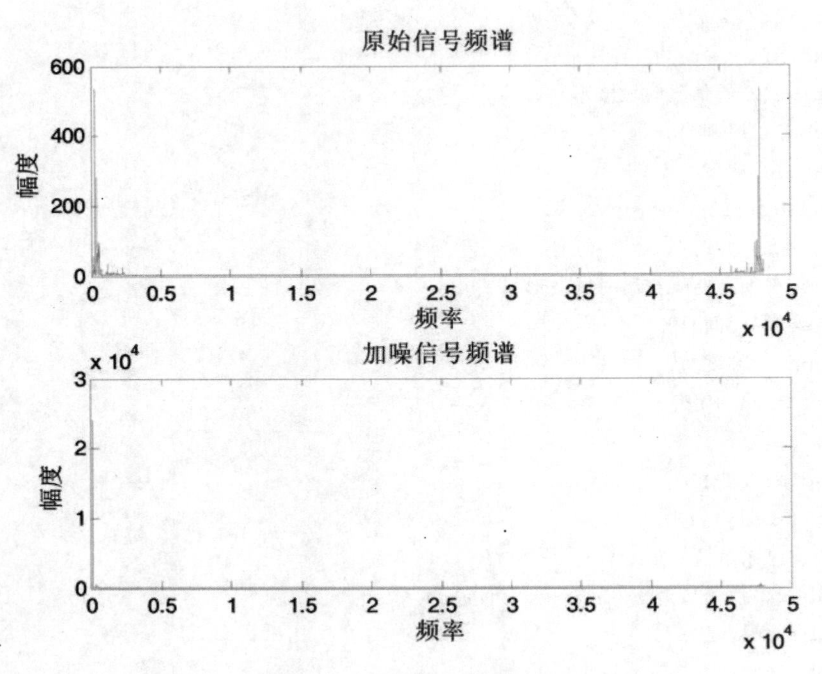

图 3-13 加噪前后信号频谱

（注意：加噪信号频谱图的纵坐标刻度为 10^4）

对实例 7 中的加噪信号进行滤波。

设计一个巴特沃斯数字低通滤波器，对加噪信号进行滤波，比较滤波前后信号时域、频域的区别。

MATLAB 源程序如下：

```
clc,clear;
[x,fs,bits]=wavread('tonghua.wav');     %x 表示语音数据，fs 表示采样频率，bits 表
                                          示采样点数
N=length(x);     %此段语音信号的点数为 N=48118
n=0:N-1;
x2=rand(2,length(x))';
y=x2+x;
wp=0.1*pi;
ws=0.4*pi;
Rp=1;
Rs=15;
Fs=22050;
Ts=1/Fs;
wp1=2/Ts*tan(wp/2);
ws1=2/Ts*tan(ws/2);
[N,Wn]=buttord(wp1,ws1,Rp,Rs,'s');
```

```
[Z,P,K]=buttap(N);
[Bap,Aap]=zp2tf(Z,P,K);
[b,a]=lp2lp(Bap,Aap,Wn);
[bz,az]=bilinear(b,a,Fs);
[H,W]=freqz(bz,az);
figure(1)
plot(W*Fs/(2*pi),abs(H));grid;
f1=filter(bz,az,y);
xlabel('频率');
ylabel('幅度');
title('滤波器幅频响应');
figure(2)
subplot(211)
plot(y);
title('滤波前时域信号');
xlabel('时间');
ylabel('幅度');
subplot(212)
plot(f1);
title('滤波后时域信号');
xlabel('时间');
ylabel('幅度');
sound(f1);
Y0=fft(y,48118);      %对加噪语音信号进行快速傅里叶变换,得出频谱
F1=fft(f1,48118);
f=fs*(0:48117)/N;
figure(3)
subplot(211);
plot(f,abs(Y0(1:48118)));
title('滤波前频谱');
xlabel('频率');
ylabel('幅度');
subplot(212);
plot(f,abs(F1(1:48118)));
title('滤波后频谱');
xlabel('频率');
ylabel('幅度');
```

运行结果如图 3-14、图 3-15、图 3-16 所示。

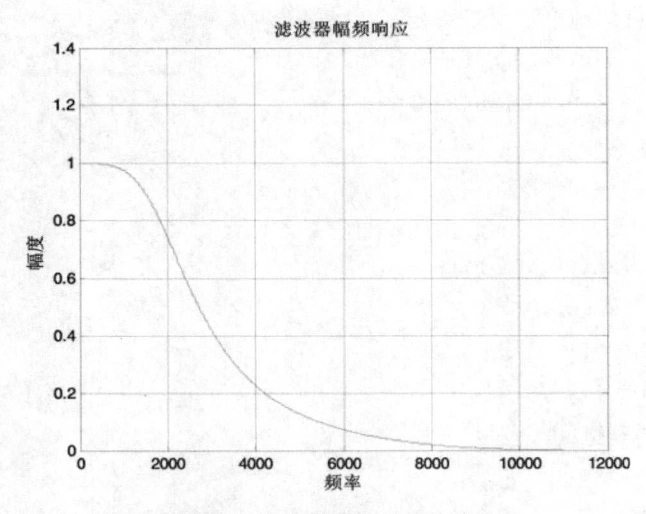

图 3-14 滤波器的幅频特性曲线

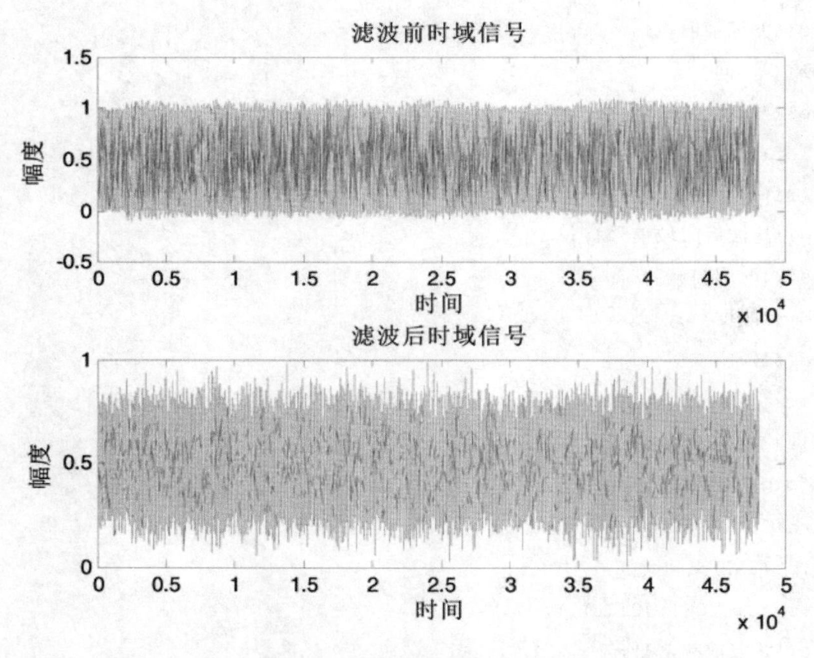

图 3-15 滤波前后信号时域波形

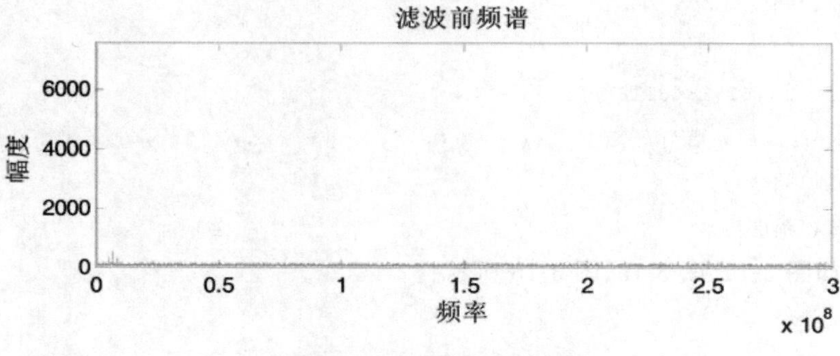

图 3-16 滤波前后信号频谱

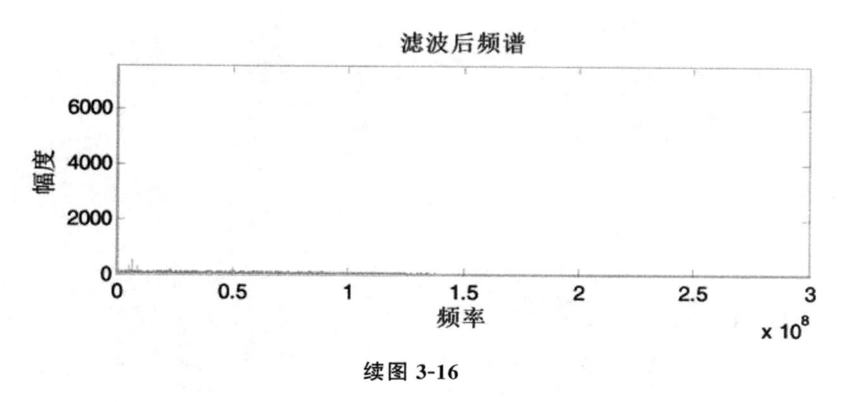

续图 3-16

实例 9 采用谱减法对加噪信号进行语音增强。

MATLAB 源程序如下：

```
%Spectral Subtraction Algorithm
clc,clear;
winsize=256;%窗长
n=0.05;%噪声电平
[speech,fs,nbits]=wavread('hello.wav');%读入数据
size=length(speech);
numofwin=floor(size/winsize);%帧数
%加窗
ham=hamming(winsize)';%Generates Hamming Window
hamwin=zeros(1,size);%Vector for window gain
enhanced=zeros(1,size);%Vector for enhanced speech
%产生带噪信号
x=speech'+n*randn(1,size);%Contaminates signal with white noise
%噪声估计
noise=n*randn(1,winsize);%Sample of noise
N=fft(noise);
nmag=abs(N);%Estimated noise magnitude spectrum
for q=1:2*numofwin-1
frame=x(1+(q-1)*winsize/2:winsize+(q-1)*winsize/2); %50 percent overlap
hamwin(1+(q-1)*winsize/2:winsize+(q-1)*winsize/2)=hamwin(1+(q-1)*
winsize/2:winsize+(q-1)*winsize/2)+ham; %Window gain
%对带噪语音进行 DFT
y=fft(frame.*ham);
mag=abs(y); %Magnitude Spectrum
phase=angle(y); %Phase Spectrum
%幅度谱减
```

```
    for i=1:winsize
    if mag(i)-nmag(i)>0
    clean(i)=mag(i)-nmag(i);
    else
    clean(i)=0;
    end
    end
    %在频域中重新合成语音
    spectral=clean.*exp(j*phase);
    %IDFT 并重叠相加
    enhanced(1+(q-1)*winsize/2:winsize+(q-1)*winsize/2)=enhanced(1+(q-1)*
winsize/2:winsize+(q-1)*winsize/2)+real(ifft(spectral));
    end
    %除去汉宁窗引起的增益
    for i=1:size
    ifhamwin(i)==0
    enhanced(i)=0;
    else
    enhanced(i)=enhanced(i)/hamwin(i);
    end
    end
    SNR1=10*log10(var(speech')/var(noise));     %加噪语音信噪比
    SNR2=10*log10(var(speech')/var(enhanced-speech'));     %增强语音信噪比
    wavwrite(x,fs,nbits,'noise.wav');     %输出带噪语言信号
    wavwrite(enhanced,fs,nbits,'enhanced.wav');     %输出增强信号
    t=1:size;
    figure(1),subplot(3,1,1);plot(t/fs,speech');     %原始语音波形
    xlabel('time(s)');
    title(['Original Voice (n=',num2str(n),')']);
    figure(2),specgram(speech');     %原始语音语谱
    title(['Original Voice (n=',num2str(n),')']);
    figure(1),subplot(3,1,2); plot(t/fs,x);
    xlabel('time(s)');
    title(['Noise Added (SNR=',num2str(SNR1),'dB)']);
    figure(3),specgram(x);     %加噪语音语谱
    title(['Noise Added (SNR=',num2str(SNR1),'dB)']);
    figure(1),subplot(3,1,3);plot(t/fs,enhanced);
    xlabel('time(s)');
    title(['Improved Voice (SNR=',num2str(SNR2),'dB)']);
```

```
    figure(4),specgram(enhanced);    %增强语音语谱
    title(['Improved Voice (SNR=',num2str(SNR2),'dB)']);
    %sound(speech);
    sound(x);
    sound(enhanced);
```

运行结果如图 3-17 所示。

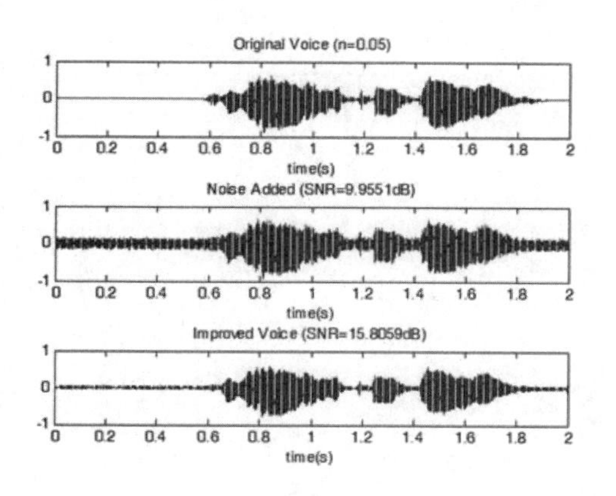

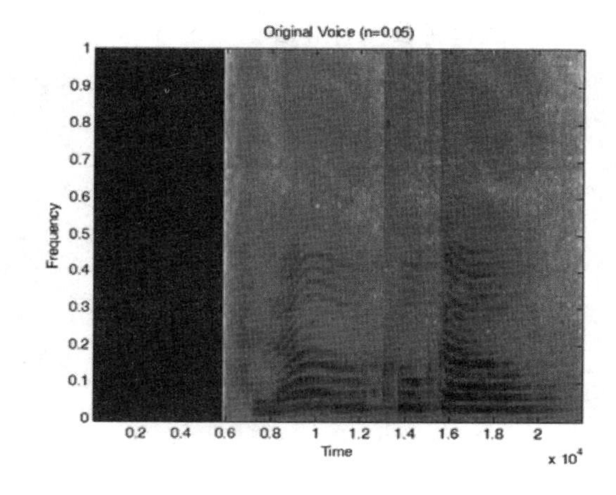

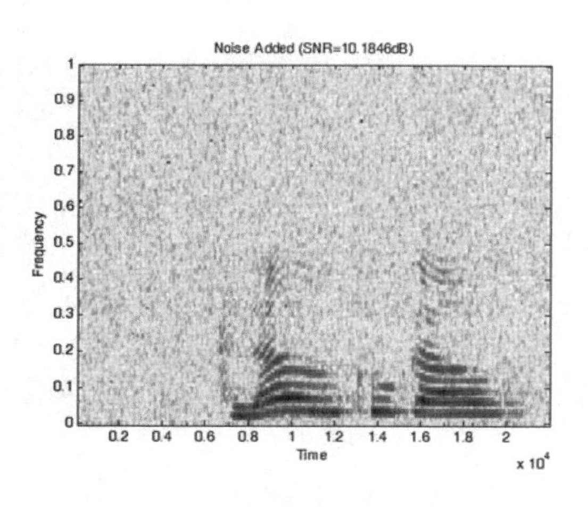

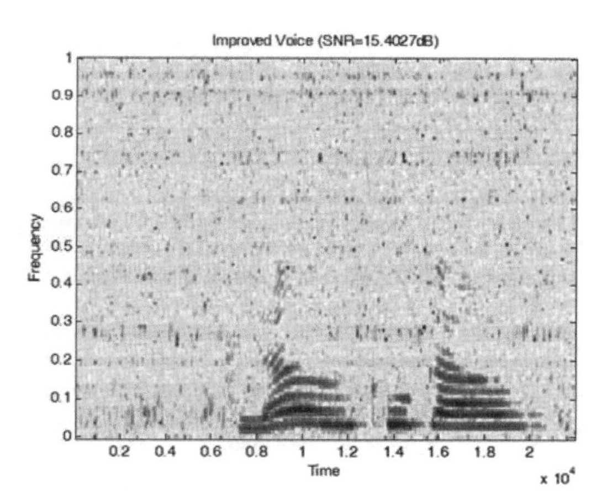

图 3-17　原始语音、加噪语音、增强后语音信号的时域波形和频谱

思考题

(1)自行采集一个格式为“.wav”的语音信号,加入噪声,设计滤波器对其进行去噪处理。

(2)采用谱减法将思考题(1)中的原始语音信号进行增强。

实验报告要求

(1)简述实验目的。

(2)整理思考题的程序,标注关键语句的功能,打印运行结果图形,并粘贴在实验报告上。

(3)总结实验心得体会。

实验 12　小波变换在语音处理中的应用

一、实验目的

(1)进一步了解语音信号的特点；

(2)了解小波变换在语音信号中的应用。

二、实验原理与内容

1. 小波变换原理

在采用傅里叶来分析的传统场合中，若改用小波分析，则能更好地完成工作。用小波展开系数来描述函数的局部特性时，不需要知道整个信号的信息也能逼近原信号，特别是在图像处理和语音分析中，由于小波变换的局部分析性能卓越，它获得了不少美誉，在数据压缩、去噪和边缘检测等方面比现有方法更为有效，这也是其被称为“数学显微镜”的原因所在。

傅里叶分析与小波变换在时间坐标轴上是不同的：傅里叶分析是将时域通过积分变换到频域，再通过逆变换实现时域与频域之间的对应关系，它的自变量在时间域上是时间，而在变换域上是频率；小波变换的自变量有两个，有时间和尺度作为自变量来共同表示变换域，可以想象成空间坐标轴，在小波变换域中，可以在空间坐标轴上观察带有时间信息和尺度信息的三维坐标，这种有时间信息的变换域是小波变换的数学特征之一。

时域波形图、频谱图及时间-尺度图分别如图 3-18、图 3-19、图 3-20 所示。

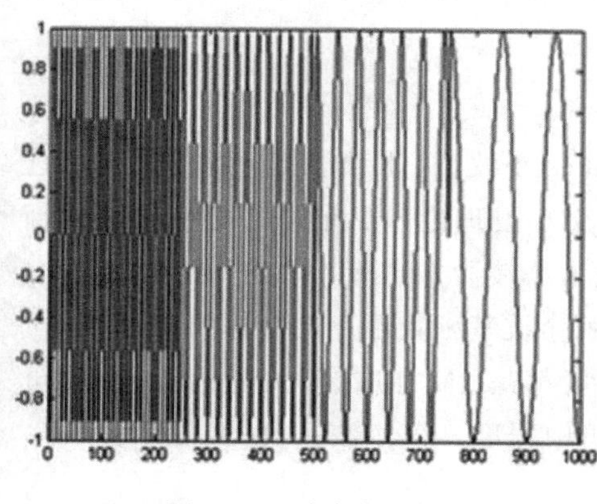

图 3-18　时域波形图

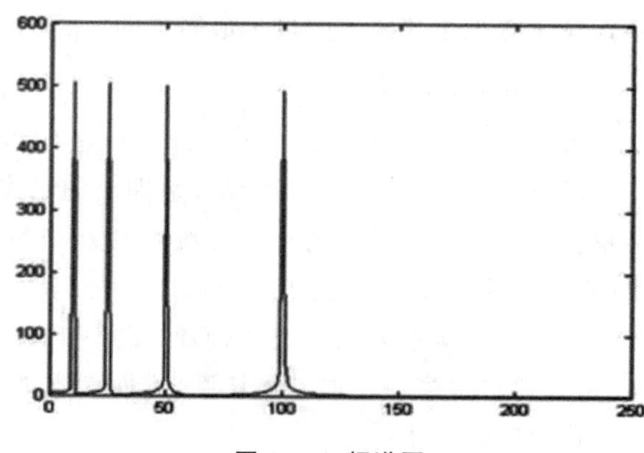

图 3-19　频谱图

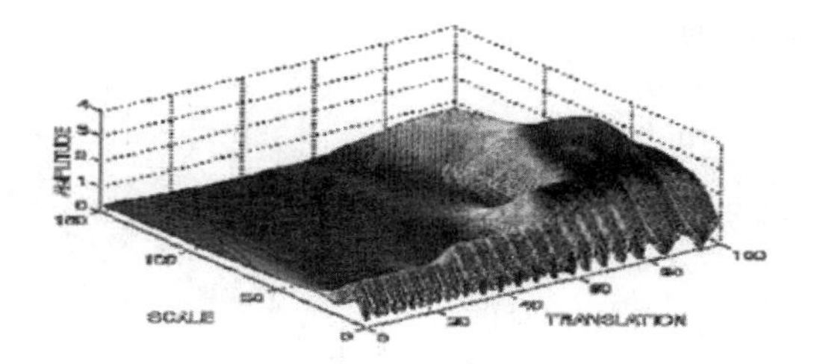

图 3-20　时间-尺度图

2. 常见的小波变换函数

1)Haar 小波

已知小波中最早被提出的是 Haar 小波,是数学家 Haar 于 1910 年提出的,也是最简单的小波。Haar 函数是一组正交归一的函数集,Haar 小波是由 Haar 函数衍生而来的,它是支撑域在 $t\in[0,1]$ 范围内的单个矩形波。Haar 小波的数学表达式为

$$\varphi(t)\begin{cases}1 & \left(0\leqslant t<\frac{1}{2}\right)\\ -1 & \left(\frac{1}{2}\leqslant t<1\right)\\ 0 & (\text{其他})\end{cases} \tag{3-6}$$

其频率域形式为

$$\psi(\omega)=i\,\frac{4}{\omega}\sin^2\left(\frac{\omega}{4}\right)e^{-\frac{j\omega}{2}} \tag{3-7}$$

由于$\int\varphi(t)dt=0$,但$\int t\varphi(t)dt\neq 0$,因此 $\psi(\omega)$ 在 $\omega=0$ 处只有一阶零点。

Haar 小波在时域上是不连续的,该函数本质上是一个具有解析表达式的阶跃函数,所以作为基本小波性能不是很好,但它的优点是计算简单。

满足正交条件,即

$$\langle\varphi(t),\varphi(2^j t)\rangle=0 \tag{3-8}$$

而且与自己的整数位移正交,即$\langle\varphi(t),\varphi(t-k)\rangle=0$。

因此,在 $a=2^j$ 的分辨率系统中,Haar 小波是最简单的正交归一小波族,并且其函数表达式在所有小波基函数中也是最简单的。

2)Daubechies 小波

著名小波学者 Ingrid Daubechies 创造了 Daubechies 小波,从此对小波分析的研究从理论阶段直接步入可行性应用阶段,她提出的紧支集正交小波理论开启了小波分析领域的新篇章。Daubechies 系列的小波函数简称为 dbN,N 表示小波阶数或者消失矩,db 是小波名字的前缀,除了 db1(相当于 Haar 小波)外,其余的系列小波基函数不存在具体的解析式。

Daubechies 系列的小波,它们的支集和滤波器长度都是 2N 左右,消失矩为 N,由此可知,可以通过适当地增加支集长度,进而增强能量的集中程度。该小波系列的扩展性很好,避免边界问题产生。

db 不存在具体的数学解析式,它是一个族或者说是一种类型,但其双尺度差分方程系数因子能够用以下形式表示,即

$$|m_0(\omega)|^2=\left(\cos^2\frac{\omega}{2}\right)^N P\left[\sin^2\left(\frac{\omega}{2}\right)\right] \tag{3-9}$$

其中

$$m_0(\omega)=\frac{1}{\sqrt{2}}\sum_{k=0}^{2N-1}h_k e^{-ik\omega} \tag{3-10}$$

3)SymletsA(symN)小波族

Symlets 小波序列通常简称为 symN,N= 2,3,…,它的数学特性和 db 小波系列有着较

多相似之处，尽可能在保持小波简单性的基础上提高小波的对称性，是 Daubechies 在构造 sym 小波时采用的简单思想，其优势是信号重构时相位的畸形变换比 db 小波族好。

3. 程序示例

实例 10 通过 MATLAB 用几种常见的小波基函数对加噪语音信号进行重构，并且与原始信号进行对比，观察各种小波基函数对信号的逼近效果。

设计步骤如下：

(1)载入音频信号，格式为

```
%[signal,Fs]=audioread('hello.wav');  %语音信号的读取
%[signal,Fs]=wavread('hello.wav');
```

(2)将载入的音频信号进行多尺度分解，利用不同的小波基函数进行试验，分解尺度为三层，采用 wavedec()函数进行信号分解，采用 waverec()函数进行信号重构。

(3)计算音频信号与不同小波基函数重构信号的误差，绘出各信号的波形，并将其与音频信号作差进行比较。

MATLAB 源程序如下：

```
%小波和傅里叶的分解与重构
clc,clear;
%[signal,Fs]=audioread('hello.wav');  %语音信号的读取
[signal,Fs]=wavread('hello.wav');
y=signal(27001:27512);
[c,l]=wavedec(y,3,'haar');              %haar 小波多尺度的分解，分解为三层
haar_caa=waverec(c,l,'haar');
s1=abs(y-haar_caa);
figure(1);
subplot(624); plot(s1);
title('haar 小波的重构的误差');
subplot(623); plot(haar_caa);
title('haar 小波多尺度的重构信号');
[c,l]=wavedec(y,3,'db3');               %db3 小波多尺度的分解，分解为三层
db1_caa=waverec(c,l,'db3');
s2=abs(y-db1_caa);
subplot(626); plot(s2);
title('db3 小波的重构的误差');
subplot(625); plot(db1_caa);
title('db3 小波多尺度的重构信号');
[c,l]=wavedec(y,3,'coif1');             %coif1 小波多尺度的分解，分解为三层
coif1_caa=waverec(c,l,'coif1');
s9=abs(y-coif1_caa);
subplot(628); plot(s9);
title('coif1 小波的重构的误差');
```

```
subplot(627); plot(coif1_caa);
title('coif1 小波多尺度的重构信号');
[c,l]=wavedec(y,3,'sym8');      %sym2 小波多尺度的分解,分解为三层
sym8_caa=waverec(c,l,'sym8');
s11=abs(y-sym8_caa);
subplot(6,2,10); plot(s11);
title('sym8 小波的重构的误差');
subplot(629); plot(sym8_caa);
title('sym8 小波多尺度的重构信号');
fft_y=fft(y);          %傅里叶分析法分解与重构
fft_y2=ifft(fft_y);
s12=abs(y-fft_y2);
subplot(6,2,12); plot(s12);
title('傅里叶分析法重构的误差');
subplot(6,2,11); plot(fft_y2);
title('傅里叶分析法的重构信号');
subplot(621); plot(y);
title('原信号');
```

运行结果如图 3-21 所示。

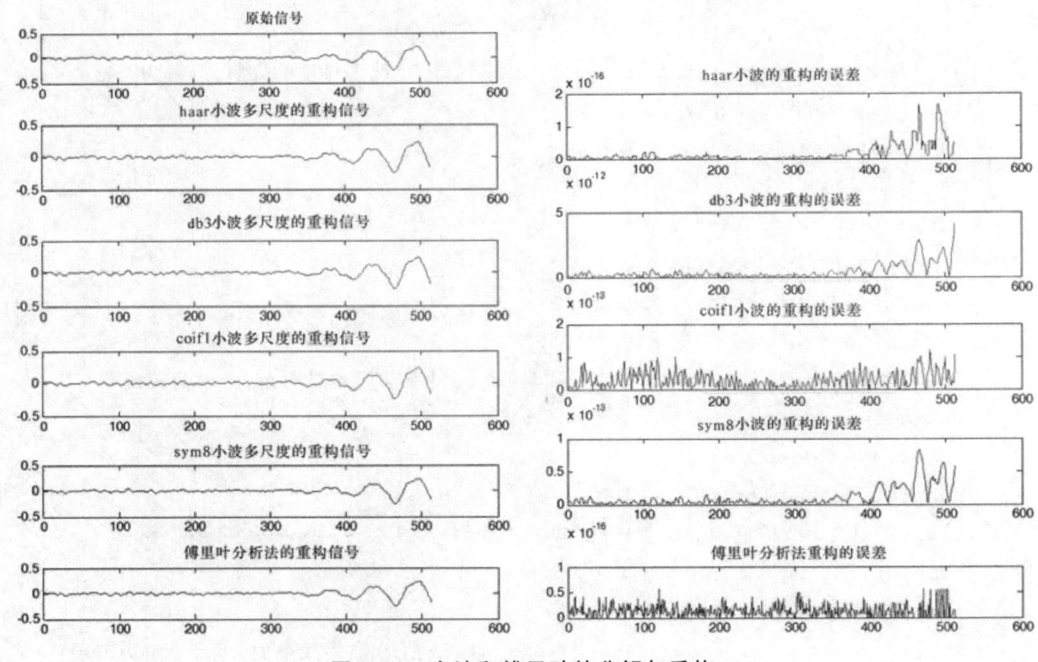

图 3-21 小波和傅里叶的分解与重构

实例 11 小波阈值法去噪。

(1)多分辨率分析。

多分辨率分析又称为多尺度分析,由于在各个不同尺度或分辨率信号中常常包含有物理相关特征,因此对信号的处理和应用来说,信号的多分辨率就显得尤为重要。采用

wavedec()函数进行三层分解，用 appcoef()函数提取小波分解的低频系数，用 detcoef()函数分别提取小波分解第一、二、三层的高频系数，以备后续处理。

(2)阈值法去噪。

阈值的确定在去噪过程中至关重要，直接影响着去噪效果，具体的方法是多样的，目前使用的阈值大致上可以分为全局阈值和局部阈值两类。其中，全局阈值是选用同一个阈值函数对各层所有的小波系数或同一层内不同方向的小波系数进行去留判断，即各层系数的处理标准是一样的；而局部阈值是根据各层系数特点的不同分别独立计算出阈值，每一层具体处理方式是不一致的。采用 wthresh()函数进行阈值判决，最后采用 idwt()函数对每一层进行重构。

MATLAB 源程序如下：

```
%小波阈值消噪和傅里叶分析去噪
clc,clear;
%[signal,Fs]=audioread('hello.wav');  %语音信号的读取
[signal,Fs]=wavread('hello.wav');
y=signal(27001:27512);          %取 512 个点，为方便观察效果
figure(1);
subplot(111); plot(y);
title('原始信号波形图');
load noise1;              %产生噪声
noise2=fft(noise);
noise3=abs(noise2);
figure(2);
subplot(111); plot(noise3);
title('噪声信号的频谱图(高斯白噪声)');
ns=noise+y;                              %生成含有噪声的语音信号
figure(3);
subplot(111); plot(ns);
title('含噪声信号波形图 信噪比为 1.7324');
[c,l]=wavedec(ns,3,'db1');               %小波多尺度的分解，分解为三层
ca3=appcoef(c,l,'db1',3);                %提取小波分解的低频系数
cd3=detcoef(c,l,3);                      %提取小波分解第三层的高频系数
cd2=detcoef(c,l,2);                      %提取小波分解第二层的高频系数
cd1=detcoef(c,l,1);                      %提取小波分解第一层的高频系数
cd1soft=wthresh(cd1,'s',0.809);        %对第一层的高频系数进行阈值
cd2soft=wthresh(cd2,'s',0.112);        %对第二层的高频系数进行阈值
cd3soft=wthresh(cd3,'s',0.019);        %对第三层的高频系数进行阈值
z1=idwt(ca3,cd3soft,'db1');              %对第三层进行重构
z2=idwt(z1,cd2soft,'db1');               %对第二层进行重构
z3=idwt(z2,cd1soft,'db1');               %对第一层进行重构
%用傅里叶变换进行噪声消除
```

```
nsxx=fft(ns);
indd2=(64:512);
nsxx(indd2)=zeros(size(indd2));
xden=ifft(nsxx);
xden2=real(xden);
figure(4);
subplot(111); plot(z3);
title('小波去噪后的信号 信噪比为 7.2231');
figure(5);
subplot(111); plot(xden2);
title('用傅里叶分析去噪效果 信噪比为 5.0931');
SNR_ns=10*log10(sum(y.^2)/sum((ns-y).^2));
SNR_wavelet=10*log10(sum(y.^2)/sum((z3-y).^2));
SNR_fft=10*log10(sum(y.^2)/sum((xden2-y).^2));
figure(6);
subplot(221); plot(y);
title('原信号波形图');
subplot(222); plot(ns);
title('含噪声信号波形图');
subplot(223); plot(z3);
title('小波去噪后的信号');
subplot(224); plot(xden2);
title('用傅里叶分析去噪效果');
```

运行结果如图 3-22 所示。

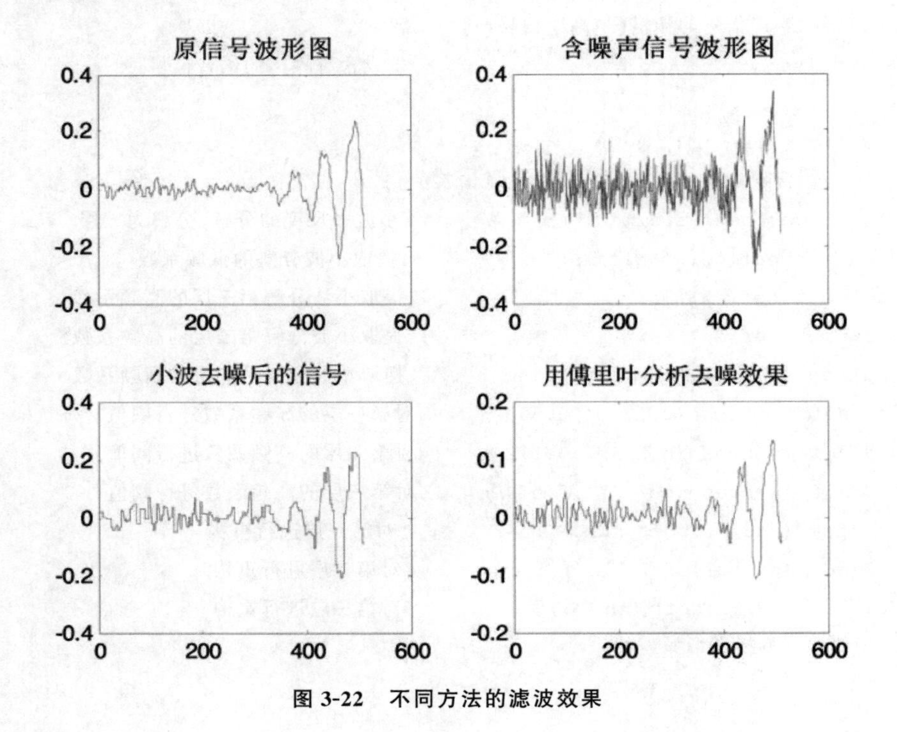

图 3-22 不同方法的滤波效果

实例 12 利用函数 wdencmp 进行语音信号压缩。

MATLAB 源程序如下：

```
clear all;
sound=wavread('hello.wav');
%用小波函数 haar 对信号进行三层分解
[C,L]=wavedec(sound,3,'haar');
alpha=1.5;
%获取信号压缩的阈值
[thr,nkeep]=wdcbm(C,L,alpha);
%对信号进行压缩
[cp,cxd,lxd,per1,per2]=wdencmp('lvd',C,L,'haar',3,thr,'s');
subplot(1,2,1);
plot(sound);
title('原信号');
subplot(1,2,2);
plot(cp);
title('压缩后信号');
```

运行结果如图 3-23 所示。

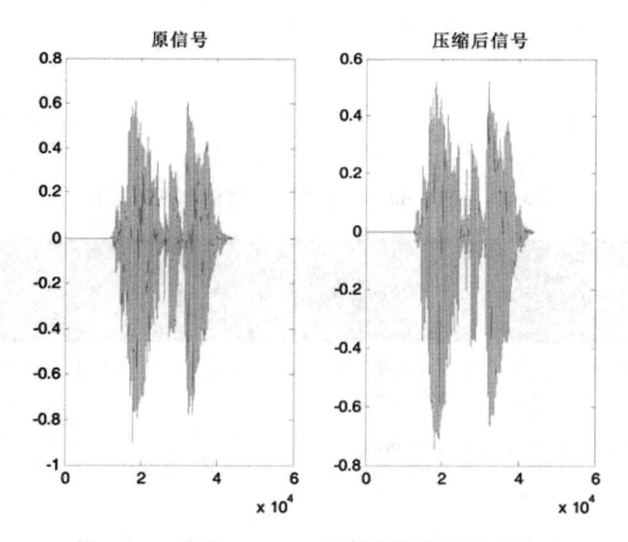

图 3-23 采用 wdencmp 函数压缩信号前后波形

实例 13 利用函数 ddencmp 进行语音信号压缩。

MATLAB 源程序如下：

```
clear all;
sound=wavread('hello.wav');
%用小波函数 haar 对信号进行五层分解
[C,L]=wavedec(sound,5,'haar');
%获取信号压缩的阈值
```

```
[thr,nkeep]=ddencmp('cmp','wv',sound);
%对信号进行压缩
cp=wdencmp('gbl',C,L,'haar',5,thr,'s',1);
subplot(1,2,1);
plot(sound);
title('原信号');
subplot(1,2,2);
plot(cp);
title('压缩后信号');
```

运行结果如图 3-24 所示。

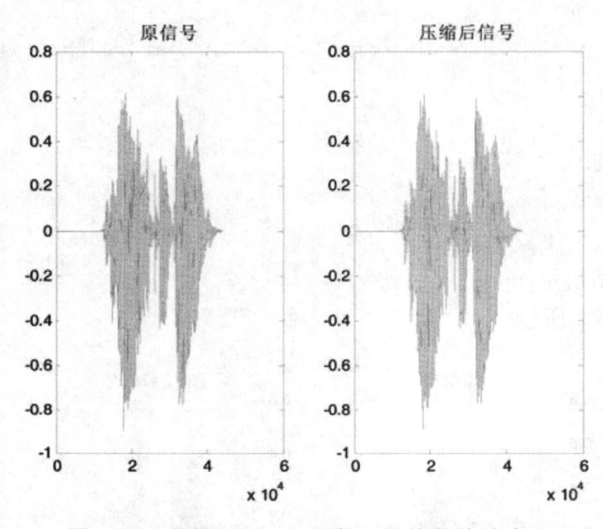

图 3-24　采用 ddencmp 函数压缩信号前后波形

思考题

(1)自行采集一个格式为“.wav”的语音信号,给信号加入噪声,并用小波基函数进行去噪处理,比较分析其性能。

(2)将思考题(1)中的原始语音信号进行压缩。

实验报告要求

(1)简述实验目的。

(2)整理思考题的程序,标注关键语句实现的功能,打印运行结果图形,并粘贴在实验报告上。

(3)总结实验心得体会。

第4部分 数字图像处理

实验13 数字图像在MATLAB中的基本操作

一、实验目的

(1)了解不同类别的图像及其在MATLAB中的存储形式;

(2)掌握图像的读取、显示、尺寸变换、直方图等基本操作。

二、实验原理与内容

1.数字图像的基本内容

1)数字图像的概念

自然界中的图像是模拟量,可以通过照相机、电影、电视、扫描仪等设备进行记录和传输,而计算机只能处理数字量,故在使用计算机处理图像之前需要对图像进行数字化。

数字图像,也可以称为数码图像或数位图像,是能够在计算机上显示和处理的图像,通常可以看成是一个二维函数f(x,y),在坐标平面上的任意一个空间坐标(x,y)上的幅值f即为该点图像的灰度值、亮度或强度。目前常见的数字图像格式有.bmp,.jpg,.gif,.png等。

在数字图像领域,有像素(pixel)的概念。若图像大小为m×n,则有m行n列的有限元素,即像素,代表了相应行、列位置的灰度、色彩等图像物理信息。

2)数字图像的分类

根据每个像素代表信息的不同,数字图像可以分为二值图像、灰度图像、RGB图像等,具体分析如下。

(1)二值图像。

二值图像即黑白图像,只有黑、白两种颜色,其中的像素只有0、1两种取值,0代表黑色,1代表白色。

(2)灰度图像。

在二值图像中加入较多介于黑色和白色之间的颜色深度,即可构成灰度图像。灰度图像通常显示为从最暗的黑色到最亮的白色的灰度,每个颜色的灰度代表一个灰度级(L)。同时,每个像素只有一个采样颜色,可以取0~(L-1)个整数值,一般为0~255个。

(3)RGB图像。

自然界中的所有图像均由红色(red)、绿色(green)、蓝色(blue)三种颜色组合而成,称为RGB三原色。在所有的图像模型中,RGB模型最常用,因此RGB图像也就是彩色图像,包含红(R)、绿(G)、蓝(B)三个通道。

2. 图像的读取和写入

要对图像进行处理,第一步需要读入图像,读入的图像是以矩阵存储的。MATLAB中提供了imread函数,根据图像保存形式的不同,操作方法如下。

(1)以.bmp,.jpg,.tif,.gif等形式存储的二值图像、灰度图像和RGB图像,均可以用imread函数读入,其调用格式为

```
A=imread(filename,fmt);
```

参数说明:

filename是指定图像文件的完整路径和文件名,fmt是指定图像文件的格式所对应的标准扩展名。例如,读入"G:\课程\数字图像处理\图像处理库图\数字图像处理标准测试图"路径下的图像"lena.bmp",可写成

```
A=imread('G:\课程\数字图像处理\图像处理库图\数字图像处理标准测试图\lena.bmp');
```

(2)多个图像转换为数据并以.mat文件形式存在时,并不是一幅图像,故不能用imread函数读入。可以先用load导入.mat的文件,此时文件是以结构体的形式出现的,还需要导出结构体的元素,才是所需要的图像。

例如,有100幅图像以image_100.mat的文件形式存在,在"G:\课程\数字图像处理\图像处理库图\数字图像处理标准测试图"路径下,现在需要读入这100幅图像,可写出如下语句:

```
A=load('G:\课程\数字图像处理\图像处理库图\数字图像处理标准测试图\image_100.mat');
image=A.image_100;
```

此时的image就是100幅图像构成的矩阵形式,后续可以对其进行相关操作。

3. 图像的显示

在图像处理过程中,有时需要将图像显示出来,这样会更为直观。MATLAB中提供了imshow函数,其调用格式有如下几种:

```
imshow(I)
imshow(I,[low high])
imshow(RGB)
imshow(BW)
imshow(X,map)
imshow(filename)
himage=imshow(...)
imshow(..., param1, val1, param2, val2, ...)
```

在以上调用格式中,最常用的是imshow(I),I为需要显示的图像变量。

4. 图像的点运算

图像的点运算指的是对图像中的每个像素一次进行同样的灰度变换运算,侧重于改变图像的灰度范围及分布,在此主要是利用灰度直方图来描述图像的各个灰度级统计特性。图像处理中可以采用imhist函数来完成图像的灰度直方图运算,同时可以通过直方图均衡

化和直方图规定化来对直方图进行修正。

1）直方图均衡化

直方图均衡化也可称为灰度均衡化，是指通过某种灰度映射，使输入图像转换为每一灰度级上都有近似相同的像素点数的输出图像，从而使得像素占有尽可能多的灰度级且分布均匀。MATLAB 中可通过 histeq 函数来实现，其调用格式为

```
[J,T]=histeq(I);
```

2）直方图规定化

直方图均衡化可以自动确定灰度变换函数，获得具有均匀直方图的输出图像，操作简单。但如果想对变换过程加以控制，则可以采用直方图规定化，即有选择地增强某个灰度范围内的对比度或使图像灰度值满足某种特定的分布，从而产生特定的直方图。MATLAB 中同样可通过 histeq 函数来实现，只是调用格式不同，即

```
[J,T]=histeq(I,hgram);
```

此时可以将图像 I 处理成一幅以用户指定向量 hgram 作为直方图的图像。

5. 程序示例

实例 1 将“G:\课程\数字图像处理\图像处理库图\数字图像处理标准测试图”路径下的“lena. bmp”图像进行显示。

MATLAB 源程序如下：

```
%-----------------读入图像
A=imread('G:\课程\数字图像处理\图像处理库图\数字图像处理标准测试图\lena.bmp');
%%---------------显示图像
imshow(A);
```

运行结果如图 4-1 所示。

图 4-1 显示的 lena 图像

图像处理过程中，经常需要在同一窗口或不同窗口中显示图像来进行对比分析，此时可

以结合 figure 和 subplot 函数来实现。

实例 2 在同一窗口中显示多幅图像。

MATLAB 源程序如下：

```
%-----------------读入图像
A1=imread('G:\课程\数字图像处理\图像处理库图\数字图像处理标准测试图\Peppers.tif');
A2=imread('G:\课程\数字图像处理\图像处理库图\数字图像处理标准测试图\PeppersRGB.tif');
%%---------------同一窗口中显示多个图像
subplot(211)
imshow(A1);
title('灰度图像');
subplot(212)
imshow(A2);
title('彩色图像');
```

运行结果如图 4-2 所示。

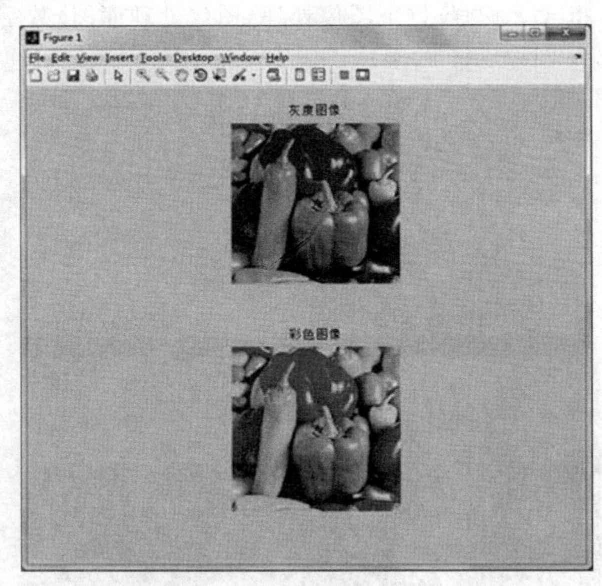

图 4-2 在同一窗口中显示多幅图像

实例 3 在不同窗口中显示图像。

MATLAB 源程序如下：

```
%-----------------读入图像
A1=imread('G:\课程\数字图像处理\图像处理库图\数字图像处理标准测试图\Peppers.tif');
A2=imread('G:\课程\数字图像处理\图像处理库图\数字图像处理标准测试图\PeppersRGB.tif');
%%---------------不同窗口中显示图像
```

```
figure;
imshow(A1);
title('灰度图像');
figure;
imshow(A2);
title('彩色图像');
```

运行结果如图 4-3 所示。

图 4-3　不同窗口中显示图像

实例 4　彩色图像与灰度图像之间的转换。

在车牌识别、人脸识别及其他图像处理过程中，常需要将彩色图像转换为灰度图像。MATLAB 中提供了彩色图像和灰度图像的转换函数 rgb2gray 和 gray2rgb。

MATLAB 源程序如下：

```
%%------------------读入图像
A2=imread('G:\课程\数字图像处理\图像处理库图\数字图像处理标准测试图\PeppersRGB.
tif');
figure;
imshow(A2);
title('原始彩色图像');
%%--------------------彩色图像转换为灰度图像
A2_1=rgb2gray(A2);
figure;
imshow(A2_1);
title('转换成的灰度图像');
```

运行结果如图 4-4 所示。

实例 5　对“Lena.bmp”图像进行增大对比度、减小对比度、线性增加亮度、线性减少亮度，再利用直方图均衡化实现图像灰度归一化。

(1)增大对比度 & 图像灰度归一化。

MATLAB 源程序如下：

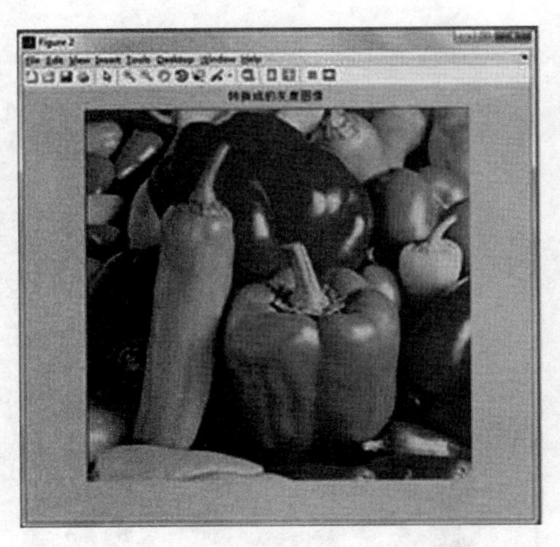
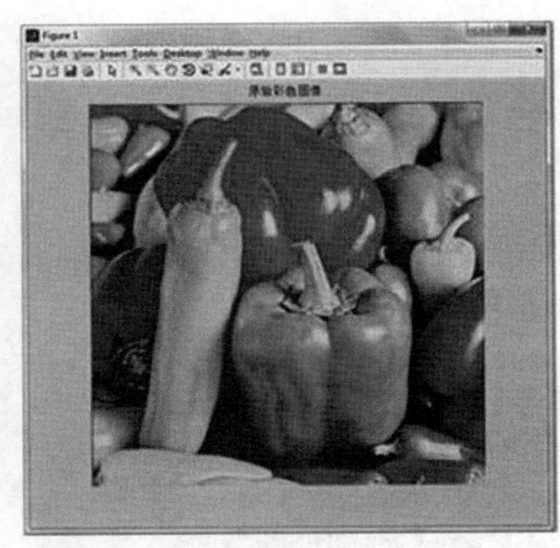

图 4-4　彩色图像转换为灰度图像

```
%%-----------------读入图像
I=imread('G:\课程\数字图像处理\图像处理库图\数字图像处理标准测试图\Lena.bmp');
I=im2double(I);
%%----------------- 增大对比度
I1=2*I-55/255;
subplot(1,4,1);
imshow(I1); %显示对比度增大后的图像
subplot(142);
imhist(I1);
subplot(143);
imshow(histeq(I1));
subplot(144);
imhist(histeq(I1));
```

运行结果如图 4-5 所示。

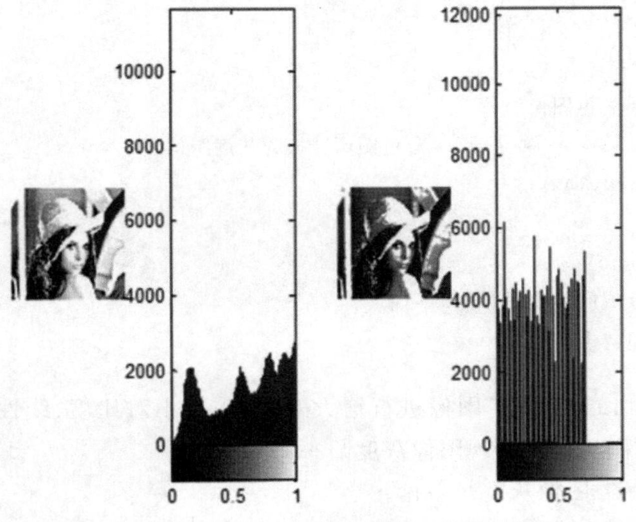

图 4-5　增大对比度 & 图像灰度归一化的图像显示

(2)减小对比度 & 图像灰度归一化。

MATLAB 源程序如下：

```
%%-----------------读入图像
I=imread('G:\课程\数字图像处理\图像处理库图\数字图像处理标准测试图\Lena.bmp');
I=im2double(I);
%%------------------ 减小对比度
I2=0.5*I+55/255;
subplot(1,4,1);
imshow(I2); %显示对比度减小后的图像
subplot(142);
imhist(I2);
subplot(143);
imshow(histeq(I2));
subplot(144);
imhist(histeq(I2));
```

运行结果如图 4-6 所示。

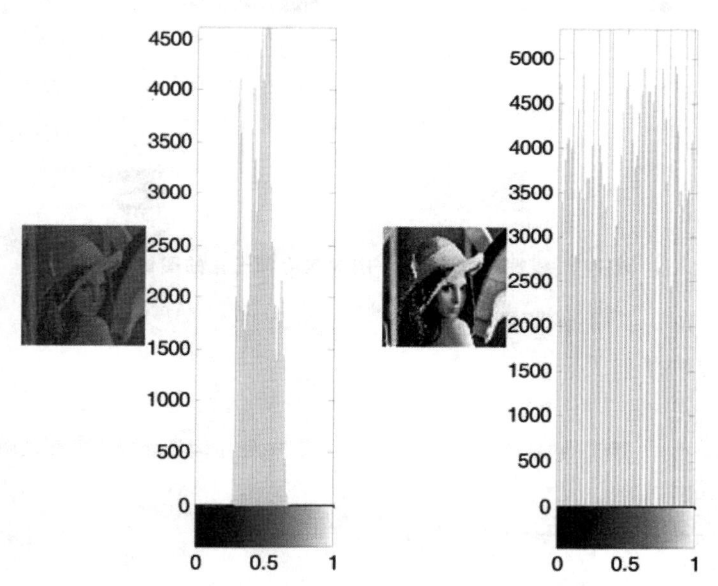

图 4-6　减小对比度 & 图像灰度归一化的图像显示

(3)线性增加亮度 & 图像灰度归一化。

MATLAB 源程序如下：

```
%%-----------------读入图像
I=imread('G:\课程\数字图像处理\图像处理库图\数字图像处理标准测试图\Lena.bmp');
I=im2double(I);
%%------------------ 线性增加亮度
I3=I+55/255;
subplot(1,4,1);
imshow(I3); %显示亮度增加后的图像
```

```
subplot(142);
imhist(I3);
subplot(143);
imshow(histeq(I3));
subplot(144);
imhist(histeq(I3));
```

运行结果如图 4-7 所示。

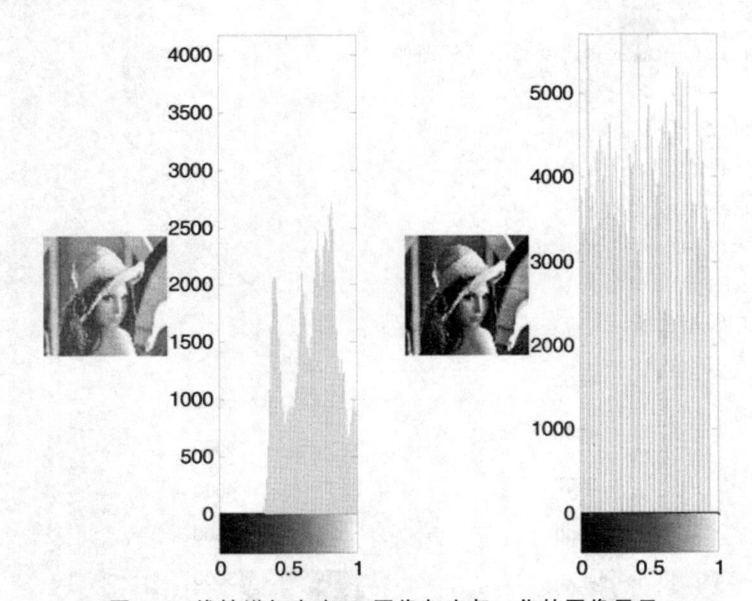

图 4-7 线性增加亮度 & 图像灰度归一化的图像显示

(4)线性减小亮度 & 图像灰度归一化。

MATLAB 源程序如下：

```
%%------------------读入图像
I=imread('G:\课程\数字图像处理\图像处理库图\数字图像处理标准测试图\Lena.bmp');
I=im2double(I);
%%------------------ 线性减小亮度
I4=I-55/255;
subplot(1,4,1);
imshow(I4); %显示亮度减小后的图像
subplot(142);
imhist(I4);
subplot(143);
imshow(histeq(I4));
subplot(144);
imhist(histeq(I4));
```

运行结果如图 4-8 所示。

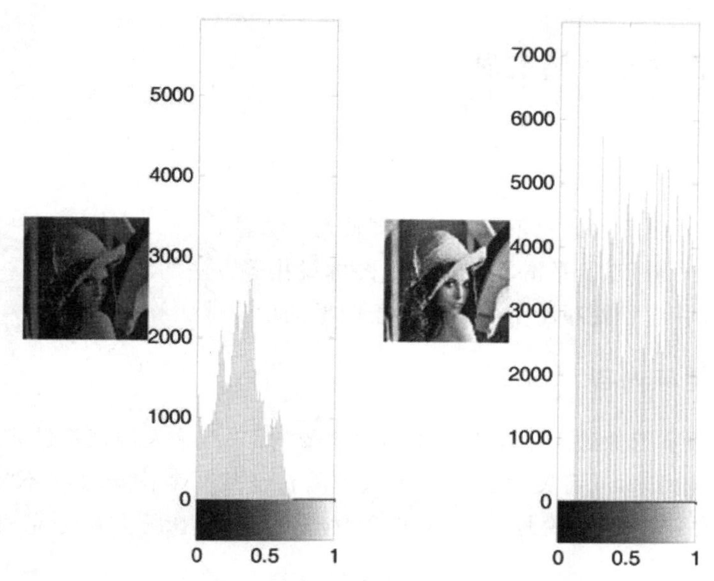

图 4-8 线性减小亮度 & 图像灰度归一化的图像显示

思考题

(1) 实现两幅图像的读入，并在同一窗口中按行及按列显示图像。

(2) 实现思考题(1)中两幅图像的旋转与压缩，要求将图像压缩至30×40，且同一幅图像的变换在同一个窗口中显示出来。

(3) 实现上述两幅图像的直方图归一化。

实验报告要求

(1)简述实验目的及实验原理。

(2)在思考题的程序中，对其中的显示、旋转、压缩、画图方式等语句进行标注，并按顺序排版，打印出相应的运行结果图。

(3)总结实验心得体会。

实验 14 图像的空间域增强

一、实验目的

(1)理解图像增强的目的及不同方式的图像增强方法。

(2)熟悉平均平滑、高斯平滑、中值滤波、图像锐化等方法的设计原理。

(3)学会将数字信号处理所学的知识用于图像的增强—去噪。

二、实验原理与内容

图像增强是数字图像处理中相对简单但很重要的部分,是人们根据特定的需要(如将原本模糊的细节凸显出来,或者突出图像中感兴趣的特征等),对图像某些不需要的信息进行削弱或消除,存在一定的主观性。在本实验中,学习图像增强主要是完成图像中噪声的清除。

对于图像增强,方法有很多,但主要分为两大类:空间域图像增强和频域图像增强。二者都能有效地完成图像增强,只是处理的领域不同而已,故在图像处理时应根据图像本身的特性来进行合理选择。本次实验先介绍图像的空间域增强方法。

由于图像可以看成一个二维函数,x—y 平面代表了空间位置信息,即空间域。空间域图像增强也称为邻域运算或邻域滤波,是基于图像中的邻域(每一个小范围)内的相似性进行灰度变换运算的,其中某一个点变换后的灰度由该点邻域内的点的灰度值来决定。空间域图像增强技术主要包括直方图修正、灰度变换增强、图像平滑及图像锐化等。本实验主要介绍图像平滑和图像锐化两种空间域图像增强方法。

实际的图像采集过程中,或多或少会掺杂不同类型的噪声,为了减少或抑制噪声,可以采用图像平滑技术。在空间域图像增强中,主要采用邻域平均来实现平滑的效果。目前常用的有平均平滑、高斯平滑和中值滤波等方法。

在对图像进行平滑之前,需要先加入噪声,可以采用 imnoise 函数加以实现。如 A 是已读入的图像,现对 A 加入噪声,程序如下:

```
A1=imnoise(A,type)
```

其中:type 为' gaussian '时,代表加入高斯噪声;type 为' salt pepper '时,代表加入椒盐噪声。

加入噪声之后,即可采用平均平滑、高斯平滑、中值滤波等方法进行去噪,并得出不同噪声情况下何种方法的去噪效果更好。在此,MATLAB 提供了相关的函数直接实现去噪过程。

1. 平均平滑

平均平滑是均值滤波的一种,其所有系数均为正数。对于任意一个 3×3 的模板而言,在所有系数为 1 时是最简单的,为了保证输出图像能继续在原来图像的灰度值范围内,模板与像素邻域的乘积都要除以 9。当然,平均模板有很多,如 3×3 模板、5×5 模板等,需要根据不同的图像及加入的噪声进行选择。MATLAB 中提供了 fspecial 函数生成滤波时所用的模板,并提供 filter2 函数用指定的滤波器模板对图像进行运算。函数 fspecial 的调用格式为

```
h=fspecial(type);
h=fspecial(type,parameters);
```

其中,type 代表滤波器的种类,parameters 是与滤波器种类相关的具体参数。

实例 6 根据以上原理,对"lena.bmp"图像进行加噪,然后对其进行不同平均模板的平滑,以实现图像的去噪。

MATLAB 源程序如下:

```
%%-------------选择合适的图像并加噪------------------- %%
A=imread('G:\课程\数字图像处理\图像处理库图\数字图像处理标准测试图\lena.bmp');
A1=imnoise(A,'salt & pepper');%对图像加入噪声
figure(1);imshow(A);%显示加噪之前的原图像
figure(2);imshow(A1);%显示加噪之后的图像

%%-------------选用 3*3 平均模板-------------------%%
m=fspecial('average',3);%选用 3*3 平均模板
A2=imfilter(A1,m,'corr','replicate');%相关滤波,重复填充边界
figure(3);
imshow(A2);%显示选用 3*3 平均模板进行滤波的图像

%%-------------选用 5*5 平均模板-------------------%%
n=fspecial('average',5);%选用 5*5 平均模板
A3=imfilter(A1,n,'corr','replicate');%相关滤波,重复填充边界
figure(4);
imshow(A3);%显示选用 5*5 平均模板进行滤波的图像

%%-------------选用 7*7 平均模板-------------------%%
p=fspecial('average',7);%选用 7*7 平均模板
A4=imfilter(A1,p,'corr','replicate');%相关滤波,重复填充边界
figure(5);
imshow(A4);%显示选用 7*7 平均模板进行滤波的图像
```

运行结果如图 4-9 所示。

(a)原图像

(b)加噪之后的图像

图 4-9 对图像进行加噪及选用不同平均模板的平滑效果图

(c)选用 3×3 平均模板的平滑图像

(d)选用 5×5 平均模板的平滑图像

(e)选用 7×7 平均模板的平滑图像

续图 4-9

通过将图 4-9 所示的选用不同平均模板的平滑图像效果图进行对比,可以得到如下分析结果:在模板不断增大的时候,7×7 模板能平滑掉更多的噪声,但最终的平滑效果图变得更加模糊,主要原因在于平均模板的工作机理。因此,需要根据特定的噪声大小或形式,选择合适的模板进行平滑滤波。

2. 高斯平滑

平均平滑是针对邻域内的所有像素而言的,为了减弱平均平滑处理过程中的模糊效果,在此考虑高斯平滑。即适当增加模板中心点的权重,在离中心点越远的地方,权重会变小,从而使中心点更接近于与它更近的点。常用的 3×3 高斯模板为

$$w=\frac{1}{16}\begin{pmatrix}1 & 2 & 1\\ 2 & 4 & 2\\ 1 & 2 & 1\end{pmatrix} \tag{4-1}$$

该高斯模板主要来源于均值为 0、方差为 σ^2 的二维正态分布密度函数,故 σ^2 的选择尤其重要。MATLAB 中 σ 默认为 0.5,3×3 高斯模板常用的 σ 为 0.8 左右。当模板增大时,可以适当增加 σ 的值。

实例 7 根据以上原理,对“lena. bmp”图像加入高斯噪声,然后对其进行高斯平滑,以实现图像的去噪。

MATLAB 源程序如下:

```
%%-------------选择合适的图像并加入高斯噪声--------------------%%
A=imread('G:\课程\数字图像处理\图像处理库图\数字图像处理标准测试图\lena.bmp');
A1=imnoise(A,'gaussian');%对图像加入高斯噪声
figure(1);imshow(A);%显示加噪之前的原图像
%title('原图像');
figure(2);imshow(A1);%显示加噪之后的图像
%title('加噪之后的图像');

%%------------- 选用 sigma=0.8 的 3*3 高斯模板--------------------%%
m=fspecial('gaussian',3,0.8);%选用 sigma=0.8 的 3*3 高斯模板
A2=imfilter(A1,m);%高斯平滑
figure(3);
imshow(A2);%显示选用 sigma=0.8 的 3*3 高斯模板进行滤波的图像

%%-------------选用 sigma=1.8 的 3*3 高斯模板--------------------%%
m1=fspecial('gaussian',3,1.8);%选用 sigma=1.8 的 3*3 高斯模板
A3=imfilter(A1,m1);%高斯平滑
figure(4);
imshow(A3);%显示选用 sigma=1.8 的 3*3 高斯模板进行滤波的图像
```

运行结果如图 4-10 所示。

(a)原图像

(b)加噪之后的图像

(c)sigma=0.8 的 3×3 高斯模板滤波

(d)sigma=1.8 的 3×3 高斯模板滤波

图 4-10　高斯平滑效果图

3. 中值滤波

前面介绍的平均平滑和高斯平滑均属于线性滤波器，有时会出现去噪不明显的效果。而中值滤波属于非线性滤波器，本质上为统计排序滤波器，其原理是针对原图像中的一点

(i,j),对以该点为中心的邻域内所有像素进行统计排序,并把其中值作为(i,j)的响应。

MATLAB 提供了 medfilt2 函数来实现中值滤波,其调用格式为

```
B=medfilt2(I,[m n]);
```

或

```
B=medfilt2(I);
```

其中:I 指原图像;B 指中值滤波后输出的图像;[m n]指定滤波模板的大小,默认模板为 3×3。

实例 8 根据以上原理,为"lena. bmp"图像加入椒盐噪声,然后对其进行中值滤波,以实现图像的去噪。

MATLAB 源程序如下:

```
%%--------------选择合适的图像并加入椒盐噪声--------------------%%
A=imread('G:\课程\数字图像处理\图像处理库图\数字图像处理标准测试图\lena.bmp');
A1=imnoise(A,'salt & pepper');%对图像加入椒盐噪声
figure(1);imshow(A);%显示加噪之前的原图像
%title('原图像');
figure(2);imshow(A1);%显示加噪之后的图像
%title('加噪之后的图像');
A2=medfilt2(A1,[3,3]); %%中值滤波
figure(3);
imshow(A2); %%显示中值滤波后的图像
%title('中值滤波后的图像');
```

运行结果如图 4-11 所示。

(a)原图像

(b)加噪之后的图像

(c)中值滤波后的图像

图 4-11 中值滤波去噪过程

4. 图像锐化

前面介绍的平均平滑、高斯平滑和中值滤波均是针对含有噪声的图像进行滤波去噪的,平滑掉的是噪声,以实现更为直观的视觉效果;而图像锐化则是使原本模糊的图像变得更为清晰,其锐化的对象为图像边缘。图像锐化会采用较多的梯度算子,常用的有 Robert 交叉梯度、Sobel 梯度、拉普拉斯算子等,本实验主要介绍 Sobel 梯度。

Sobel 梯度有两种 Sobel 模板,分别为:

对水平边缘有较大响应的竖直梯度:

$$w_1=\begin{pmatrix}-1 & -2 & -1\\ 0 & 0 & 0\\ 1 & 2 & 1\end{pmatrix}$$

对竖直边缘有较大响应的水平梯度：

$$w_2=\begin{pmatrix}-1 & 0 & 1\\ -2 & 0 & 2\\ -1 & 0 & 1\end{pmatrix}$$

MATLAB可以通过将竖直梯度和水平梯度进行求和，从而完成完整的Sobel梯度。当然，MATLAB也提供了gradient函数直接计算Sobel梯度。实例9实现了基于Sobel梯度的图像锐化。

实例9 选择图像“rice.png”，并对其进行图像锐化。

MATLAB源程序如下：

```
%%--------------选择合适的图像--------------------%%
A=imread('G:\课程\数字图像处理\图像处理库图\数字图像处理标准测试图\rice.png');
figure(1);imshow(A);%显示 rice.png 图像
w1=fspecial('sobel');%得到水平 Sobel 模板
w2=w1';%转置得到竖直 Sobel 模板
G1=imfilter(A,w1);%得到水平 Sobel 梯度
G2=imfilter(A,w2);%得到竖直 Sobel 梯度
G=abs(G1)+abs(G2);%求和得到 Sobel 梯度
figure(2);imshow(G1,[]);
figure(3);imshow(G2,[]);
figure(4);imshow(G,[]);
```

运行结果如图4-12所示。

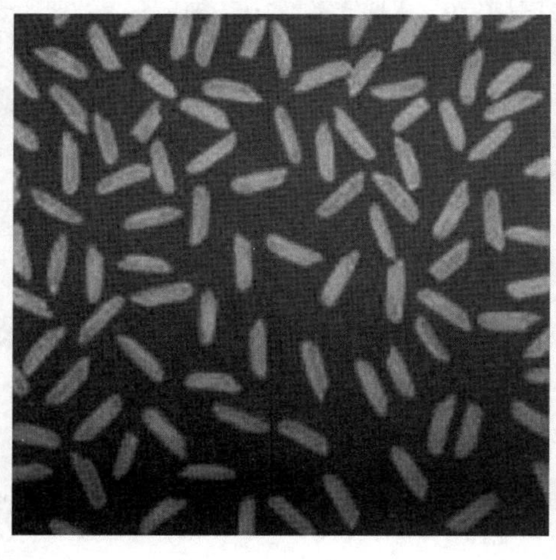

(a)原图像

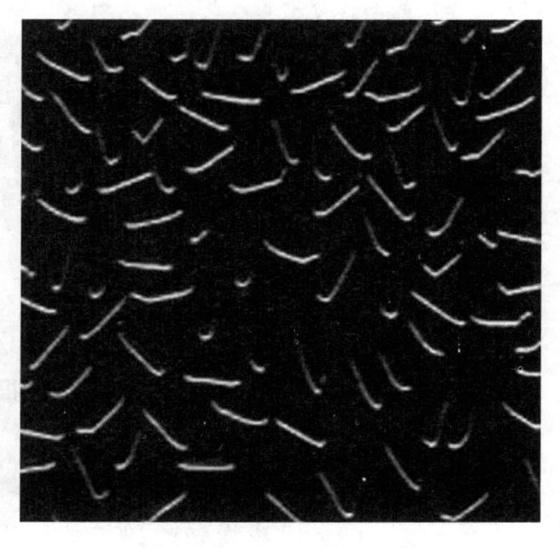

(b)Sobel梯度锐化图像

图4-12 基于Sobel梯度的图像锐化

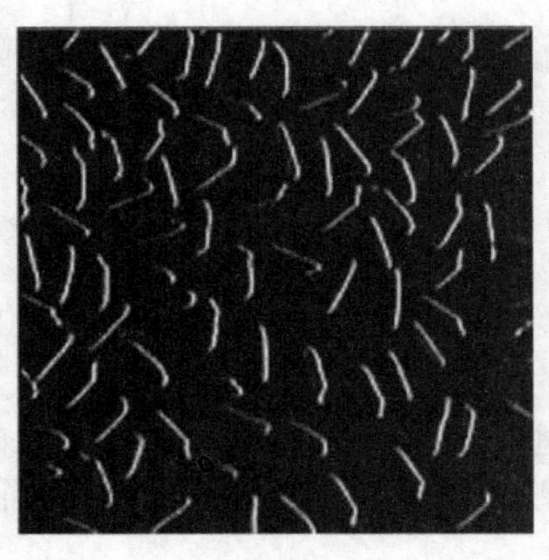
(c)采用水平 Sobel 梯度的图像效果图

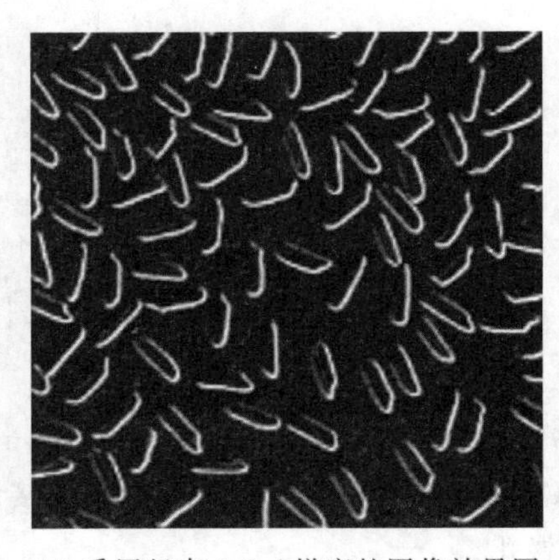
(d)采用竖直 Sobel 梯度的图像效果图

续图 4-12

对于上述问题，也可以采用 MATLAB 提供的 gradient 函数实现 Sobel 梯度，MATLAB 源程序如下：

```
A=imread('G:\课程\数字图像处理\图像处理库图\数字图像处理标准测试图\rice.png');
figure(1);imshow(A);%显示 rice.png 图像
A=double(A);
[G2,G1]=gradient(A);%计算竖直梯度和水平梯度
G=abs(G1)+abs(G2);%得到完整的 Sobel 梯度
figure(2);imshow(G1,[]);
figure(3);imshow(G2,[]);
figure(4);imshow(G,[]);
```

运行结果和图 4-12 一样。

思考题

(1) 对给定的图像分别加入高斯噪声和椒盐噪声，并对两种不同的噪声进行平均平滑、高斯平滑和中值滤波。要求：①采用 3×3 平均模板及高斯模板；②对于两种噪声，分别用两个程序进行编写，用同一个程序实现同一种噪声条件下的不同滤波，并用不同图像窗口进行显示。

(2)对特定的图像进行 Sobel 梯度的图像锐化，并显示其效果图。思考：图像锐化获取的是图像的高频成分还是低频成分？

实验报告要求

(1)简述实验目的和实验原理。

(2)对思考题中要求设计的程序进行编程，并对运行结果进行对比分析，总结出噪声对图像的影响、空间域增强的图像效果等。

(3)总结实验心得体会。

实验 15 图像的频域增强

一、实验目的

(1)掌握傅里叶变换及 fft2、ifft2、fftshift 函数的使用方法。
(2)掌握图像频域增强的方法并学会应用。
(3)熟练掌握理想低通/高通滤波在图像中的应用。

二、实验原理与内容

实验 14 介绍了图像的空间域增强,与空间域增强殊途同归的另一个视角为频域增强。二者只是从不同方面对图像进行滤波,最终的目的均为实现图像的增强。在此,频域增强主要是基于傅里叶变换,MATLAB 也提供了相应的函数,可以快速有效地求得图像频谱,为后续的频域滤波提供方便。

1. 图像的快速傅里叶变换及 MATLAB 实现

离散傅里叶变换(DFT)的运行复杂度高,计算速度慢,因此通过快速傅里叶变换(FFT)加以实现。同时,MATLAB 中提供了相应的 fft2、ifft2、fftshift 函数,能较快地实现图像的频谱图等。

fft2 函数用于实现二维快速傅里叶变换,可以直接用于数字图像处理,其调用形式为

```
B=fft2(I);
```

或

```
B=fft2(I,m,n);
```

其中,I 为输入图像,m,n 分别为图像 I 的第一维和第二维指定长度。计算所得的 B 为图像的频谱,通过 abs(B)可以得到幅度谱,通过 angle(B)可以得到相位谱。

ifft2 函数用于图像的快速傅里叶逆变换,其调用格式为

```
I=ifft2(B);
```

或

```
I=ifft2(B,m,n);
```

其中,B 为通过快速傅里叶变换后的频谱,I 为快速傅里叶逆变换后得到的图像。

采用 fft2 函数得到的频谱是按原始计算所得的顺序进行排列的,而没有以零频为中心加以排列,使得零频分布在整个幅度谱的四个角上。在此,可以采用 fftshift 函数将零频移到整个频谱的中间,这也是与另一变换——DCT 变换的最大区别。

实例 10 给定图像"lena.bmp",实现其傅里叶变换频谱图。

MATLAB 源程序如下:

```
A=imread('G:\课程\数字图像处理\图像处理库图\数字图像处理标准测试图\lena.bmp');
figure(1);imshow(A);%显示加噪之前的原图像
F1=fft2(double(A));%FFT 变换
FA1=fftshift(F1);%将图像频谱的零频移到中心
figure(2);imshow(F1);%显示移中之前的频谱图
figure(3);imshow(FA1);%显示移中之后的频谱图
```

运行结果如图 4-13 所示。

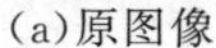
(a)原图像

(b)移中之前的频谱图

(c)移中之后的频谱图

图 4-13 图像的傅里叶变换频谱效果图

实例 11 用相应的函数实现两幅图像的频谱图(包括幅度谱和相位谱),并交换两幅图像的相位谱。

MATLAB 源程序如下:

```
A=imread('G:\课程\数字图像处理\图像处理库图\数字图像处理标准测试图\Barbara.bmp');
B1=imread('G:\课程\数字图像处理\图像处理库图\saturn2.tif');
B=imresize(B1,[512 512]);%%将图像 B 的尺寸裁剪为 512*512,保证 A,B 两幅图像的尺寸
                     一致
figure(1);imshow(A);%显示图像 A
figure(2);imshow(B1);%显示图像 B
%%----------------分别对 A,B 两幅图像进行傅里叶变换--------------%%
FA=fft2(double(A));
FB=fft2(double(B));

%%----------------求图像 A 的幅度谱和相位谱-------------------%%
FA_F=abs(FA);
FA_X=angle(FA);

%%----------------求图像 B 的幅度谱和相位谱-------------------%%
FB_F=abs(FB);
FB_X=angle(FB);

%%----------------对图像 A,B 交换相位谱----------------------%%
FAR=FA_F.*cos(FB_X)+FA_F.*sin(FB_X).*i;
FBR=FB_F.*cos(FA_X)+FB_F.*sin(FA_X).*i;

%%-----------------在交换相位谱之后进行傅里叶逆变换-------------%%
IA=abs(ifft2(FAR));
IB=abs(ifft2(FBR));
```

```
%%------------------ 重组图像的显示---------------------%%
figure(3);imshow(IA,[]);%图像 A 与图像 B 相位谱组合后的图像显示
figure(4);imshow(IB,[]);%图像 B 与图像 A 相位谱组合后的图像显示
```

运行结果如图 4-14 所示。

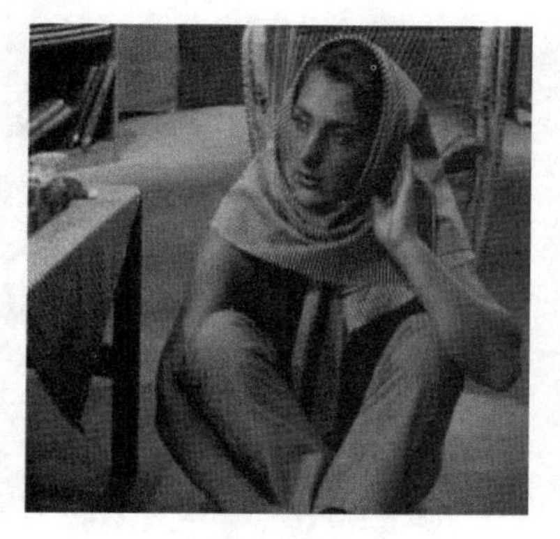

(a)图像 A

(b)图像 B

(c)图像 A 与图像 B 的相位谱组合

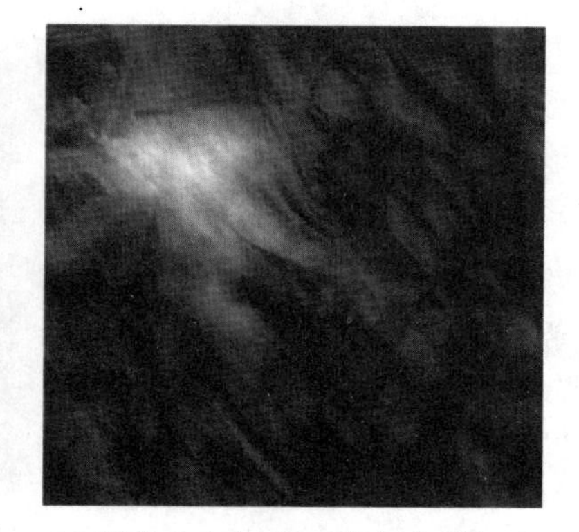

(d)图像 B 与图像 A 的相位谱组合

图 4-14　两个图像交换相位谱的效果图

2. 频域滤波

前面所描述的傅里叶变换能够将图像从空间域变换为频域内能直接识别的图像；反之，傅里叶逆变换则可将图像从频域变换为空间域内能直接识别的图像。频域滤波和空间域滤波一样，都能较好地实现图像的增强，只是从频域范围内实现而已。

在实验 14 中介绍了图像平滑、中值滤波、图像锐化等方法，与之不同的是，图像的频域表征了图像灰度变化的剧烈程度，是灰度在平面空间上的梯度，其中变化较快的部分为高频分量，变化平缓的部分为低频分量。因此，频域滤波主要分为频域低通滤波、频域高通滤波等，如下将主要介绍这两种滤波方式。

1）频域低通滤波

在图像的频谱中，低频成分对应于图像平滑区域的总体灰度级分布，可以通过滤掉图像频谱中的高频成分加以实现，即为频域低通滤波。

频域低通滤波有一种常用的理想低通滤波器，即可以设定某个“截止频率”对高频成分加以截断，将频谱中所有高于该截止频率的频谱成分设置为“0”，而低于该截止频率的频谱成分保持不变，如此可以在一定程度上消除图像的噪声，但可能会引起图像边缘和细节的

模糊。

实例12 设置截止频率为100 Hz，实现频域理想低通滤波器。

MATLAB源程序如下：

```
P=256;Q=256;
D0=100;
N=2;
HP1=zeros(P,Q);
D1=zeros(P,Q);
HP2=zeros(P,Q);
D2=zeros(P,Q);
%%%-------------------------理想低通滤波器的建立
for u=1:P
    for v=1:Q
        D1(u,v)=sqrt((u-P/2).^2+(v-Q/2).^2);
        if D1(u,v)<=D0
            HP1(u,v)=1;
        end
    end
end
figure(1);
subplot(121);
imshow(HP1);title('2D理想低通滤波器投影图');
d=20;
figure(1);subplot(122);
surf(HP1(1:d:end,1:d:end));title('3D理想低通滤波器');
```

运行结果如图4-15所示。

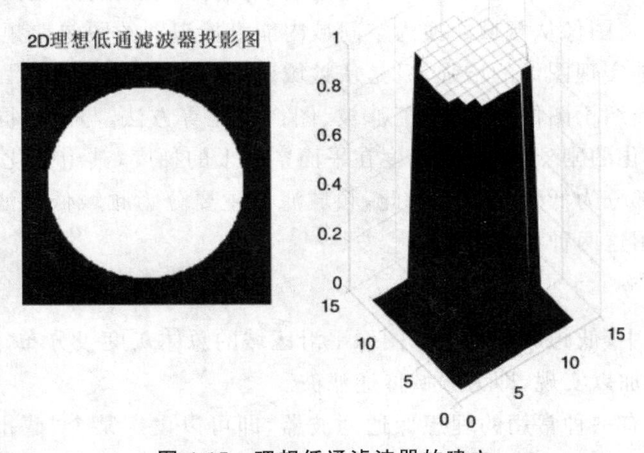

图4-15 理想低通滤波器的建立

2）频域高通滤波

图像锐化过程中，可以通过衰减图像频谱中的低频分量加以实现，建立空间域图像锐化和频域高通滤波之间的对应关系。既然是滤除低频成分，则需要建立频域高通滤波器，以突出图像的边缘和噪声部分。

实例 13 设置截止频率为 100 Hz，实现频域理想高通滤波器。

MATLAB 源程序如下：

```
P=256;Q=256;
D0=100;
N=2;
HP1=zeros(P,Q);
D1=zeros(P,Q);
HP2=zeros(P,Q);
D2=zeros(P,Q);
%%%--------------------------理想高通滤波器的建立
for u=1:P
    for v=1:Q
        D2(u,v)=sqrt((u-P/2).^2+(v-Q/2).^2);
        if D2(u,v)>=D0
            HP2(u,v)=1;
        end
    end
end
figure(2);
subplot(121);
imshow(HP2);title('2D 理想高通滤波器投影图');
d=20;
figure(2);subplot(122);
surf(HP2(1:d:end,1:d:end));title('3D 理想高通滤波器');
```

运行结果如图 4-16 所示。

实例 14 对 Lena 彩色图像进行频域低通和高通滤波，并显示低通滤波和高通滤波后的图像。

MATLAB 源程序如下：

```
img=imread('G:\课程\数字图像处理\图像处理库图\数字图像处理标准测试图\LenaRGB.
bmp');
img=rgb2gray(img);%%彩色图像转为灰度图像
img=imresize(img,[256,256]);%将 512*512 的图像裁剪为 256*256 的图像
%imshow(img)
[M,N]=size(img);%图像的尺寸
P=2*M;%填充,消除折叠现象
```

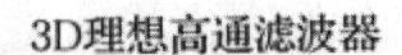
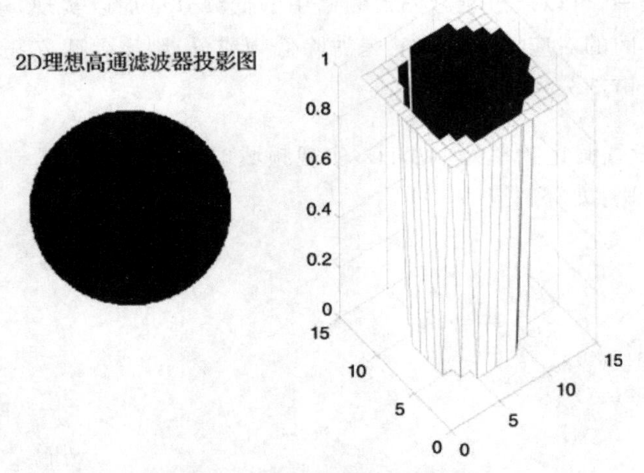

图 4-16　理想高通滤波器的建立

```
Q=2*N;
fp=zeros(P,Q);
fp(1:size(img,1),1:size(img,2))=img;%%图像中心化
Fp=zeros(P,Q);
for i=1:P
    for j=1:Q
        Fp(i,j)=fp(i,j).*(-1)^(i+j);
    end
end
Fp=fft2(Fp);
D0=100;
n=2;
%%-----------------初始化滤波器
HP1=zeros(P,Q);
D1=zeros(P,Q);
HP2=zeros(P,Q);
D2=zeros(P,Q);
%%-----------------建立理想低通滤波器
for u=1:P
    for v=1:Q
        D1(u,v)=sqrt((u-P/2).^2+(v-Q/2).^2);
        if D1(u,v)<=D0
            HP1(u,v)=1;
        end
    end
end
```

```
%%--------------------建立理想高通滤波器
    for u=1:P
        for v=1:Q
            D2(u,v)=sqrt((u-P/2).^2+(v-Q/2).^2);
            if D2(u,v)>=D0
                HP2(u,v)=1;
            end
        end
    end
    %%--------------------------点乘
    Gp1=HP1.*Fp;
    Gp2=HP2.*Fp;
    %%-------反中心化
    Gp1=fftshift(Gp1);
    Gp2=fftshift(Gp2);
    %%----------------------------对图像进行傅里叶逆变换
    gp1=ifft2(Gp1);
    gp1=real(gp1);
    gp2=ifft2(Gp2);
    gp2=real(gp2);
    %%--------------------截点
    g1=zeros(M,N);%%截点
    g1=gp1(1:size(g1,1),1:size(g1,2));
    g2=zeros(M,N);%%截点
    g2=gp2(1:size(g2,1),1:size(g2,2));
    %%---------------------------------显示原图像和滤波后的图像
    figure(1);imshow(img);
    %title('原图像');
    figure(2);
    imshow(g1,[]);
    %title('经过理想低通滤波器后的图像');
    figure(3);
    imshow(g2,[]);
    %title('经过理想高通滤波器后的图像');
```

运行结果如图 4-17 所示。

由图 4-17 可以看出:理想低通滤波器能滤除高频成分,削弱图像的细节,图像会由于振铃效应而变得模糊;而理想高通滤波器则利用滤波器的频率特性让高频成分通过,低频成分会被滤除,从而将图像的边缘及轮廓较为清晰地显示出来。

(a)原图像

(b)经过理想低通滤波器后的图像

(c)经过理想高通滤波器后的图像

图 4-17　Lena 原图像和经过理想低通、高通滤波器后的图像显示

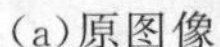

思考题

(1)给定一幅图像，实现其频谱，显示其幅度谱和相位谱。

(2)在思考题(1)的基础上加入另外一幅图像，显示其幅度谱和相位谱，并实现与思考题(1)图像的相位谱叠加。

(3)对给定的图像实现频域高通滤波，同时与空间域内的图像锐化后的图像在同一窗口中显示，从而进行对比分析。

实验报告要求

(1)总结频域滤波的方法，并简述实验原理。

(2)按照要求编写程序，在程序中标注相关的重要语句，并对运行结果进行对比分析。

(3)总结实验心得体会。

实验 16 图像形态学

一、实验目的

(1)了解膨胀和腐蚀的 MATLAB 实现方法;

(2)掌握图像膨胀、腐蚀、开启、闭合等形态学操作函数的使用方法;

(3)了解二进制图像的形态学应用。

二、实验原理与内容

形态学,即数学形态学,是图像处理中运用最为广泛的技术之一,主要是从图像中提取对表达和描绘区域形状有意义的图像分量,以便更好地显示图像的形状特征。

在形态学运算中,最基础和最重要的为腐蚀和膨胀。下面将介绍腐蚀、膨胀以及二者复合而得的开运算、闭运算的概念、作用和 MATLAB 实现方法。

1. 腐蚀、膨胀及其实现

腐蚀,实为消融物体的边界,但具体的腐蚀结果与图像本身及其结构元素的形状有关,在 MATLAB 中可以通过 imerode 和 strel 两个函数加以实现,其调用格式为

```
I1=imerode(I,SE);
```

其中,I 为二值或灰度图像,I1 为腐蚀后的输出图像。

```
SE=strel(shape,parameters);
```

其中,shape 指定了结构元素的形状,可以设置为“arbitrary”(任意形状)、“disk”(圆形)、“square”(正方形)、“rectangle”(矩形)、“line”(线性)、“pair”(包含两个点)、“diamond”(菱形)、“octagon”(八角形)等。

与腐蚀相反的操作为膨胀,它能使物体边界扩大,同样与图像本身及其形状结构元素有关。膨胀通常用于将图像中原本断裂的同一个物体连接起来,可以通过 imdilate 函数实现,其调用格式为

```
I2=imdilate(I,SE);
```

其中,I 为原始的二值或灰度图像,I2 为膨胀后的输出图像。

对于灰度图像而言,用得更多的是灰度腐蚀和灰度膨胀,具体实现如实例 15 所示。

实例 15 对 Lena 图像实现灰度膨胀和灰度腐蚀,并显示。

MATLAB 源程序如下:

```
I=imread('G:\课程\数字图像处理\图像处理库图\数字图像处理标准测试图\Lena.bmp');
seHeight=strel(ones(3,3),ones(3,3));%%3*3 正方形单位高度的结构元素
Idil=imdilate(I,seHeight);%%图像的膨胀
Iero=imerode(I,seHeight);%%图像的腐蚀
figure(1);
imshow(I);
%title('原图像');
```

```
figure(2);
imshow(Idil);%%显示膨胀后的图像
%title('进行膨胀后的图像');
figure(3);
imshow(Iero);%%显示腐蚀后的图像
%title('进行腐蚀后的图像');
```

运行结果如图 4-18 所示。

(a)原图像

(b)进行膨胀后的图像

(c)进行腐蚀后的图像

图 4-18　Lena 图像的灰度膨胀和灰度腐蚀

2. 开运算、闭运算及 MATLAB 实现

开运算和闭运算都是通过腐蚀和膨胀的复合而形成的，开运算是先腐蚀后膨胀，闭运算是先膨胀后腐蚀。可以分别通过 imopen 和 imclose 函数来实现开运算和闭运算，其调用格式为

```
I1=imopen(I,SE);
```

其中，I 为灰度图像，I1 为经过开运算后的输出图像。

```
I2=imclose(I,SE);
```

其中，I 为灰度图像，I1 为经过闭运算后的输出图像。

开运算常用于去除相对于结构元素而言较小的高灰度区域，而对于较大的两区域影响不大；而闭运算则常用于去除图像中的暗细节部分，相对低地保留高灰度部分不受影响。

实例 16　对 Lena 图像实现开运算和闭运算。

MATLAB 源程序如下：

```
I=imread('G:\课程\数字图像处理\图像处理库图\数字图像处理标准测试图\Lena.bmp');
seHeight=strel(ones(3,3),ones(3,3));%%3*3正方形单位高度的结构元素
Idil=imopen(I,seHeight);%%图像的开运算
Iero=imclose(I,seHeight);%%图像的闭运算
figure(1);
imshow(I);
%title('原图像');
figure(2);
imshow(Idil);%%显示开运算后的图像
%title('进行开运算后的图像');
figure(3);
```

```
imshow(Iero);%%显示闭运算后的图像
%title('进行闭运算后的图像');
```

运行结果如图 4-19 所示。

(a)原图像

(b)进行开运算后的图像

(c)进行闭运算后的图像

图 4-19　Lena 图像的开运算和闭运算

3. 连通分量提取及 MATLAB 实现

在一幅图像中，所有像素子集中若像素之间存在一个通路，则像素之间称为连通的，所有能连通的像素集合则称为连通分量。在形态学操作中，可以通过膨胀来提取连通分量。主要通过 bwlabel 函数加以实现，其调用格式为

```
[L,num]=bwlabel(Ibw,conn);
```

其中：Ibw 为二值图像；conn 为可选参数，即 4 连通还是 8 连通，默认为 8。

连通分量提取应用很广泛，可以利用标注图像计算某个连通分量的大小，只需要扫描一遍标注图像，对像素值为某个区域编号的像素进行计数即可。

实例 17　对米粒图像进行连通个数计算，从而确定米粒的个数。

MATLAB 源程序如下：

```
I1=imread('G:\课程\数字图像处理\图像处理库图\数字图像处理标准测试图\rice.png');
th=graythresh(I1);
I=im2bw(I1,th);
subplot(131);
imshow(I1);
title('原图像');
subplot(132);
imshow(I);
title('二值图像');
[L,num]=bwlabel(I,8);%%直接统计图中的连通个数,即显示米粒个数(因"断裂"存在,比实
                    际数目多)
Idil=imdilate(I,ones(3,3));%%用 3*3 的结构元素膨胀
subplot(133);
imshow(Idil);
title('膨胀后的图像');
[L,num1]=bwlabel(Idil,8);%实际的米粒个数
```

运行结果如图 4-20 所示。

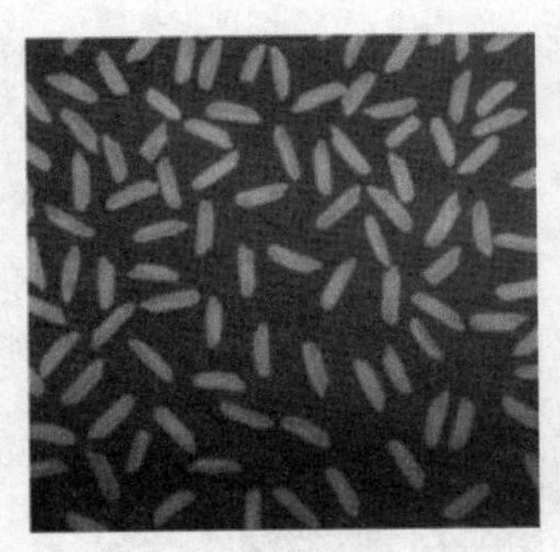
(a)原图像

(b)二值图像

(c)膨胀后的图像

图 4-20　米粒个数的计算

思考题

给定一幅图像,实现其腐蚀、膨胀、开运算、闭运算等形态学操作。

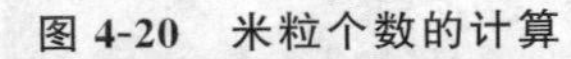

实验报告要求

(1)对膨胀、腐蚀、开运算、闭运算的原理进行总结,并写于实验原理中。

(2)探讨该实验的形态学,思考其应用场合。

(3)总结实验心得体会。

实验17 图像分割

一、实验目的

(1)理解图像分割的原理;

(2)熟悉边缘检测、阈值分割、区域分割等图像分割方法,并加以应用;

(3)掌握基于形态学的分水岭算法图像分割,并能深入学习其改进算法。

二、实验原理与内容

在图像识别(包括指纹识别、人脸识别、车牌识别等)和计算机视觉过程中,需要进行图像分割,以完成一定的特征信息预处理。在此,仅根据图像成分的亮度和颜色,在不均匀光照和不同噪声等干扰因素的影响下,计算机的自动分割会造成一定的差错。因此,研究图像分割的方法具有重要的应用意义。

图像分割是将图像进行一定处理后,完成图像分析的关键性步骤,以图像灰度值的不连续性或相似性为基础,旨在将图像中具有某种特殊性质或意义的部分划分成若干个互不相交的特定区域,且保证纹理、灰度、色彩等图像特征仍符合相似性准则。图像分割本身是一个标记的过程,即同一个区域像素标记为同一个标号。目前,在图像研究领域出现了很多图像分割方法,如边缘检测、边界跟踪、阈值分割、区域分割等,但在使用过程中需根据具体情况而定。本实验主要介绍边缘检测、阈值分割、区域分割、基于形态学的分水岭算法图像分割四种方法。

1. 边缘检测

图像的边缘是图像最为基本的特征,边缘检测是以图像的不连续性为依据,即将灰度级或结构有阶跃变化的地方标记为一个区域的终结点和另一个区域的开始点,从而根据不同图像的不同灰度值找到相对明显的边缘进行图像分割。在实验15中介绍了采用图像锐化法进行边缘增强,那增强之后的边缘如何应用于边缘检测则是其重要应用之一。

图像中边缘处像素的灰度值不连续,可以通过求导数进行检测,常用以下算子进行边缘检测,如梯度算子、高斯-拉普拉斯算子、Canny算子等。考虑到采集的图像会受到不同噪声的干扰,而采用导数检测会对噪声较为敏感,故在边缘检测之前需要对图像进行平滑滤波去噪,接着通过锐化滤波增强某点邻域中的像素点,从而完成边缘的检测和定位。基于以上几种算子的边缘检测均可以通过edge函数实现,现介绍如下。

1)基于梯度算子的边缘检测

常用的梯度算子有Roberts算子、Sobel算子和Prewitt算子,三者各有其特点:Roberts算子利用局部差分算子寻找边缘,定位精度高,但容易失去一部分边缘且未进行平滑处理,抑制噪声能力也较差,适合陡峭边缘且含噪声较少的图像;Sobel算子和Prewitt算子是先对图像进行平滑处理,再进行微分运算,考虑了某像素的邻域信息,具有一定的抗噪能力,但边缘易出现多像素宽度。三者采用的竖直模板如下:

(1)Roberts 模板：

$$\begin{pmatrix} 0 & -1 \\ 1 & 0 \end{pmatrix}$$

(2)Sobel 模板：

$$\begin{pmatrix} -1 & 0 & 1 \\ -2 & 0 & 2 \\ -1 & 0 & 1 \end{pmatrix}$$

(3)Prewitt 模板：

$$\begin{pmatrix} -1 & 0 & 1 \\ -1 & 0 & 1 \\ -1 & 0 & 1 \end{pmatrix}$$

采用 edge 函数进行梯度算子边缘检测的调用格式为

```
A=edge(I,type,thresh,direction,'nothinning');
```

其中：I 表示需要检测的图像；type 表示梯度算子的类型，可写成'roberts'，'sobel'，'prewitt'；thresh 为设置的敏感度阈值，只有大于或等于该阈值的边缘方可检测到；direction 为指定的边缘方向，合法取值为'horizontal'，'vertical'，'both'，分别代表水平方向、竖直方向和所有方向；'nothinning'为可选参数。通过该函数，可以得到一个与图像 I 相同大小的二值图像 A，检测到边缘的地方值为 1(白色部分)，未检测到边缘的地方值为 0(黑色部分)。

2)基于高斯-拉普拉斯算子的边缘检测

高斯-拉普拉斯算子是二阶导数的微分算子，边缘方向会具有不可检测性。采用 edge 函数进行边缘检测的调用格式为

```
A=edge(I,'log',thresh,sigma);
```

其中：I 为需要检测的图像；'log'为高斯-拉普拉斯算子；thresh 为设置的敏感度阈值，低于该阈值的边缘将不能检测到；sigma 为生成高斯滤波器时所采用的标准差，默认值为 2。采用该函数，同样返回一个二值图像 A，边缘处为白色，其他部分为黑色。

3)基于 Canny 算子的边缘检测

高斯-拉普拉斯算子对噪声很敏感，在平滑去噪过程中损失了边缘的不定向性，故边缘方向不可检测，而梯度算子对噪声的抑制能力并不是很强，二者均存在一定的缺陷。此时可以采用 Canny 算子进行边缘检测。采用 edge 函数进行 Canny 算子的调用格式为

```
A=edge(I,'canny',thresh,sigma);
```

其中，I 为需要检测的图像，thresh 为设置的敏感度阈值，sigma 为生成平滑使用的高斯滤波器的标准差。

实例 18 对 Lena 图像采用以上三种方法进行边缘检测，并进行对比分析。

MATLAB 源程序如下：

```
I=imread('G:\课程\数字图像处理\图像处理库图\数字图像处理标准测试图\Lena.bmp');
I1=edge(I,'sobel');
I2=edge(I,'prewitt');
```

```
I3=edge(I,'roberts');
I4=edge(I,'canny');
figure(1);
imshow(I);
%title('原图像');
figure(2);
imshow(I1);
%title('基于 Sobel 算子的边缘检测');
figure(3);
imshow(I2);
%title('基于 Prewitt 算子的边缘检测');
figure(4);
imshow(I3);
%title('基于 Roberts 算子的边缘检测');
figure(5);
imshow(I4);
%title('基于 Canny 算子的边缘检测');
```

运行结果如图 4-21 所示。

(a)原图像

(b)基于 Sobel 算子的边缘检测

(c)基于 Prewitt 算子的边缘检测

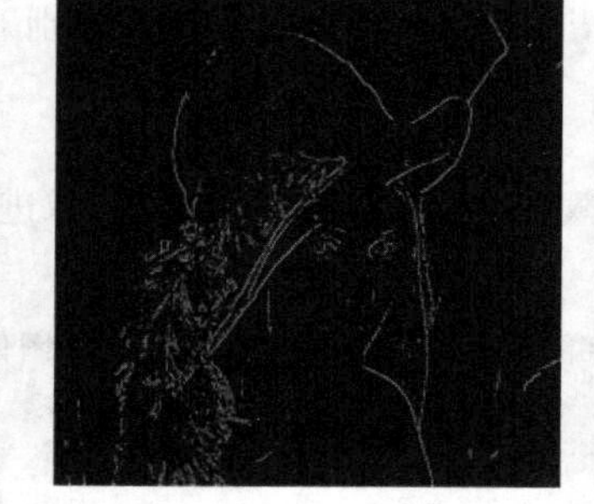

(d)基于 Roberts 算子的边缘检测

(e)基于 Canny 算子的边缘检测

图 4-21　四种梯度算子的边缘检测

由以上运行结果可以看出:①基于 Canny 算子的边缘检测在边缘定位性和抗噪效果上表现最佳;②由于 Sobel 算子和 Prewitt 算子具有平滑作用,对噪声有一定的抑制能力,图像分割后会比 Roberts 算子的边缘检测效果好;③Sobel 算子和 Prewitt 算子的斜向边缘较清晰,Roberts 算子的垂直边缘效果较好。

2. 阈值分割

阈值分割是常用的直接对图像进行分割的算法，可以根据图像像素灰度值的不同而定。阈值分割旨在利用图像中需要提取的目标区域与其背景在灰度特性上的差异，将图像看成具有不同灰度级的两大类区域组合，通过选择一个合理的阈值来确定每个像素点的归属类，从而形成一个分割好的二值图像。

阈值分割适用于目标和背景灰度有较强对比的情况，最主要的是选择恰当的阈值，阈值的正确选择直接影响到图像分割的准确性及后续分析的正确性。对于单一目标图像，只需选择一个阈值，即可分解为目标和背景两大类；而对于复杂的目标图像，则需选择多个阈值，方可将目标和背景分割成多个，继而选择对应的目标、背景两大类进行对比。

目前常用的阈值分割方法主要有实验法、峰谷阈值法、迭代选择阈值法、最小均方误差法、最大类间方差法等。其中：实验法所取的阈值依赖于人眼对图像特征的观察，主观局限性较大；峰谷阈值法以直方图的双峰峰值和谷值进行选取，但不一定代表目标和背景，正确率也不高；迭代选择阈值法是选择一个阈值作为初始估计值，依照某种规则不断迭代更新估计值，直到满足所给条件为止；最小均方误差法常以图像中的灰度为模式特征，并考虑灰度是否是满足独立分布的随机变量，是否服从一定的概率分布；最大类间方差法由 Otsu 提出，采用区域的方差表示目标区域和背景区域，以及整个图像的平均灰度差异，是目前较为稳定的算法。

在 MATLAB 中可以采用 autoThreshold()函数实现迭代选择阈值法，其调用格式为

```
[Ibw,thresh]=autoThreshold(I);
```

其中，I 为待分割的图像，Ibw 为分割后的二值图像，thresh 为自动分割时所采用的阈值。

同样，对于最大类间方差法，可以采用 im2bw()函数和 graythresh()函数加以实现，其调用格式为

```
B=im2bw(I,level);
```

其中，I 为待分割图像，level 是具体的变换阈值，为 0～1 之间的双精度浮点数。

```
thresh=graythresh(I);
```

其中，I 为待分割图像，thresh 为计算得到的最优阈值。

根据上述理论介绍，如下给出的实例 19 和实例 20 分别对图像进行迭代选择阈值法和最大类间方差法的实现。

实例 19 根据迭代选择阈值法，对“Lena. bmp”图像进行图像分割。

MATLAB 源程序如下：

```
I=imread('G:\课程\数字图像处理\图像处理库图\数字图像处理标准测试图\Lena.bmp');
figure(1);
imshow(I);
P=double(min(I(:)))+double(max(I(:)));
thresh=0.5*P; %选择图像最大像素和最小像素的平均值作为初始化阈值
final=false;
while~final
    h=I>=thresh;
```

```
    Q=mean(I(h))+mean(I(~h));
Nthresh=0.5*Q;
    final=abs(thresh-Nthresh)<0.5;
    thresh=Nthresh;
end
I1=im2bw(I,thresh/255);
figure(2);
imshow(I1);
```

通过运行上述程序，迭代选择阈值算法下的阈值为 117.2833，效果图如图 4-22 所示。

(a)原图像

(b)迭代选择阈值法条件下的图像分割

图 4-22　采用迭代选择阈值法的图像分割

实例 20　根据最大类间方差法，对“Lena.bmp”图像进行阈值变换。

MATLAB 源程序如下：

```
I=imread('G:\课程\数字图像处理\图像处理库图\数字图像处理标准测试图\Lena.bmp');
thresh=graythresh(I);%%采用 graythresh 函数自动生成阈值 0.4588
A1=im2bw(I,thresh); %%图像的二值化
A2=im2bw(I,116.99/255);%%手动设置图像的阈值为 116.99
figure(1);
imshow(I);
%title('原图像');
figure(2);
imshow(A1);
%title('自动选择阈值条件下的图像');
figure(3);
imshow(A2);
%title('手工设置阈值条件下的图像');
```

通过运行上述程序，由 graythresh 函数自动生成的阈值为 0.4588，转为灰度值约为 116.99，和迭代选择阈值法计算出来的阈值几乎接近，分割出来的图像边缘也很相似。效果图如图 4-23 所示。

3. 区域分割

区域分割是基于区域的图像分割技术，主要有区域生长、区域分裂与合并两种方法。下面介绍这两种方法。

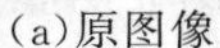

(a)原图像　(b)自动选择阈值条件下的图像　(c)手工设置阈值条件下的图像

图 4-23　采用最大类间方差法的阈值变换效果

1)区域生长

区域生长旨在将具有相似特征的像素集合成一个区域,相似特征可以为灰度级、纹理、梯度、色彩等。首先对每个需要分割的区域找一个种子像素作为生长点,然后将其周围邻域中与生长点具有相同或相似性质的像素合并到一个区域,形成新的生长点,如此循环,直到不能生长为止。

在 MATLAB 中可以根据以上基本思想写出相应的区域生长子函数,在后续的实例中进行介绍。

2)区域分裂与合并

区域生长是从某个像素点出发,扩展到整个区域;而区域分裂与合并则是区域生长的逆过程,即将整个图像不断分裂成各个不相交的子区域,然后将相同特征的区域进行合并,以满足所给的条件。在 MATLAB 中可以通过 qtdecomp(),qtgetblk(),qtsetblk()函数进行区域分裂。

首先采用 qtdecomp()函数进行四叉树分解,即将图像分成四等份,对每个块进行一致性检查,不符合则继续分解四等份,直到符合条件为止。qtdecomp()函数的调用格式为

```
S=qtdecomp(I,threshold,[mindim maxdim]);
```

其中:I 为待分割的灰度图像;threshold 为可选参数,即分割成的字块所允许的阈值,若某个子区域的最大像素和最小像素的差值大于 threshold 值,则继续分解,反之,则返回;[mindim maxdim]表示尺度阈值,即分解的子区域的大小会在 mindim 和 maxdim 之间。通过 qtdecomp()函数调用之后,返回稀疏矩阵 S,非零元素代表子块的大小,并位于子块左上角。

在四叉树分解之后,调用 qtgetblk()函数,可以获得指定大小的子块像素和位置信息,其调用格式为

```
[Vals,R,C]=qtgetblk(I,S,dim);
```

其中,I 为待输入图像,S 为 qtdecomp 函数输出的稀疏矩阵,dim 为指定的子块大小。

最后采用 qtsetblk()函数将上述子块中符合条件的区域替换成指定的子块,其调用格式为

```
J=qtsetblk(I,S,dim,Vals);
```

实例 21 对“Lena. bmp”图像进行区域分割，先对图像进行四叉树分解，显示稀疏矩阵相对应的图像。

MATLAB 源程序如下：

```
I=imread('G:\课程\数字图像处理\图像处理库图\数字图像处理标准测试图\Lena.bmp');
figure(1);
imshow(I);
S=qtdecomp(I,0.2);%%阈值=0.2,对原图像进行四叉树分解,得到稀疏矩阵 S
S1=full(S);%%稀疏矩阵变换为普通矩阵
figure(2);
imshow(S1);
R=zeros(6,1);
for j=1:6
    [val{j},r,c]=qtgetblk(I,S1,2^(j-1));
    R(j)=size(val{j},3);
end
```

运行结果如图 4-24 所示。

(a)原图像

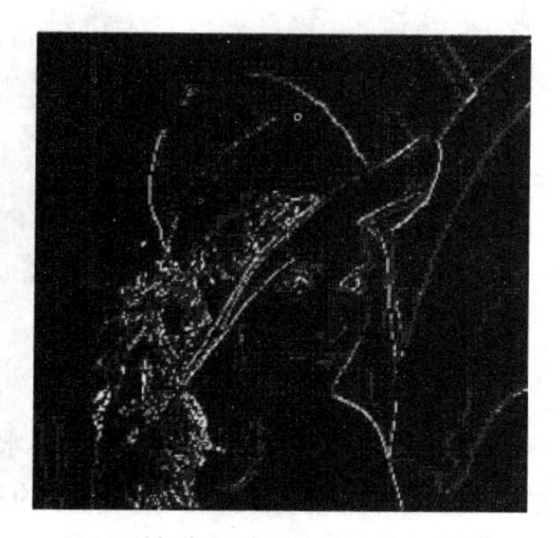

(b)区域分割中四叉树分解图像

图 4-24　基于四叉树分解的区域分割

4. 基于形态学的分水岭算法图像分割

实验 16 介绍了形态学，该理论可以有效地用到图像分割中，特别是将基于形态学的分水岭算法用于目标物连在一起的图像中。该算法是以拓扑理论为基础的形态学分割方法，将灰度图像看成地形表面，高灰度值代表丘陵和山峰，低灰度值看成山谷，每个孤立的山谷表示局部极小值，该值不断向外扩展形成集水盆，集水盆的边界即为分水岭。在采用形态学实现分水岭分割算法时，首先将每个点进行腐蚀，并形成一个不消失的点，再通过条件膨胀的形式标记生长出的点。

在 MATLAB 中可以通过分水岭函数 watershed()加以实现，其调用格式为

```
L=watershed(I);
```

或

```
L=watershed(I,conn);
```

其中：I 为待输入的原图像；conn 为可选参数，以指定分水岭算法需要考虑的邻域数。使用方法参考实例 22。

对“Lena. bmp”图像进行分水岭算法的处理。

MATLAB 源程序如下：

```
I=imread('G:\课程\数字图像处理\图像处理库图\数字图像处理标准测试图\Lena.bmp');
L=watershed(I);
figure(1);
imshow(I);%%显示原图像
figure(2);
imshow(L);%%显示分水岭算法分割图像
```

运行结果如图 4-25 所示。

由运行结果可以看出，单纯地将未预处理过的图像直接进行分水岭算法分割，局部极小值会不完整，以至于出现严重的过分割现象。故需要在进行分水岭算法之前，进行必要的图像预处理，可以采用二值图像距离变换、梯度算法处理、标记约束等方式。本实验主要介绍基于 MATLAB 的梯度算法处理。

(a)原图像

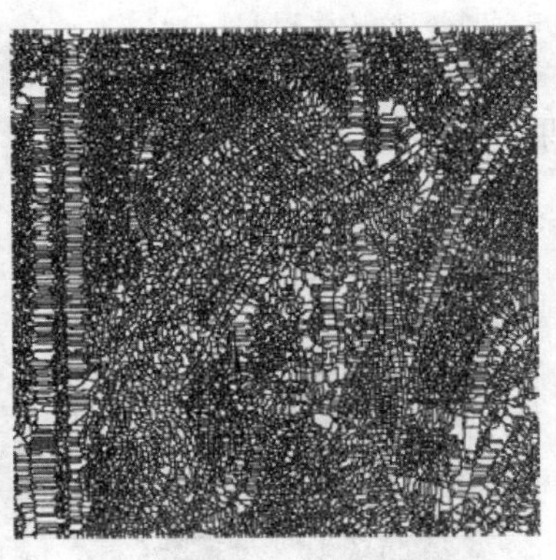

(b)分水岭算法分割图像

图 4-25　采用分水岭算法的分割图像

梯度算法处理是考虑到图像中目标物的边缘梯度值相对较大，采用 Sobel 算子对图像进行梯度预处理，可以采用 fspecial()函数加以实现特定算子的相应处理，其调用格式为

```
H=fspecial(type,parameters);
```

其中，type 为相应的 Sobel 算子，以进行滤镜。再通过 imfilter 函数实现线性空间滤波。

实例 23　对 Lena 图像的梯度进行平滑处理，然后完成分水岭算法的图像分割。

MATLAB 源程序如下：

```
I=imread('G:\课程\数字图像处理\图像处理库图\数字图像处理标准测试图\Lena.bmp');
figure(1);
imshow(I);
H=fspecial('sobel');
P=imfilter(im2double(I),H,'replicate');%%对图像进行 Sobel 梯度滤波
Q=sqrt(P.^2+P.^2);
I1=imclose(imopen(Q,ones(3,3)),ones(3,3));
Y=watershed(I1); %%形成分水岭
Out_Y=Y==0;
figure(2);
imshow(Out_Y);
```

运行结果如图 4-26 所示。

(a)原图像

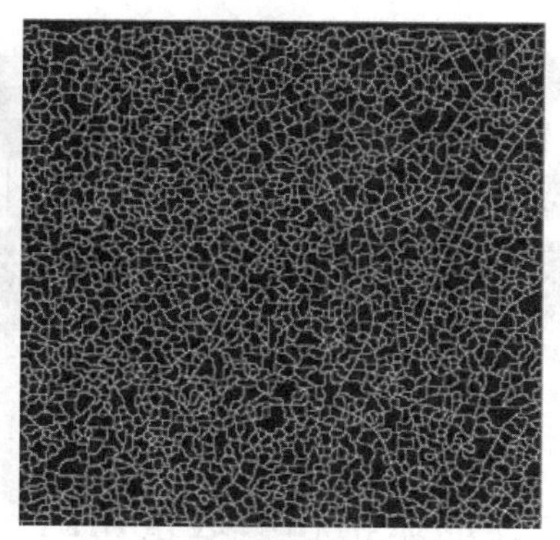

(b)分水岭算法分割图像

图 4-26　经过梯度处理的分水岭算法分割图像

思考题

(1)图 4-27 所示为定位后的车牌,选择合适的分割方法对其进行分割。

图 4-27　定位后的车牌

(2)基于形态学的分水岭算法图像分割,经过梯度处理后仍存在一定的模糊分割,进一步学习该方法,探讨并实现一种新的基于形态学的分水岭算法,完成对 Lena 图像的清晰分割。

实验报告要求

(1)总结并简述实验原理。

(2)对于思考题(2),将探讨的基于形态学的分水岭算法的原理及程序写清楚,并进行对比分析。

(3)总结实验心得体会。

第5部分 调制技术仿真

实验18 标准振幅和双边带调制

一、实验目的

(1)掌握AM、DSB调制和解调原理。

(2)学会MATLAB仿真软件在AM、DSB调制和解调中的应用。

二、实验原理与内容

调制:用一个原信号(调制信号)去控制另一个信号(载波信号)的某个参量,从而产生已调制信号。

解调:将位于载波的信号频谱再搬回来,并且不失真地恢复原始基带信号。

1. 标准振幅调制

幅度调制是指由调制信号去控制高频载波的振幅,使其按调制信号的规律变化的过程。在线性调制系列中,最先应用的一种幅度调制是全调幅或常规调幅,简称调幅(AM)。调幅数学模型如图5-1所示。

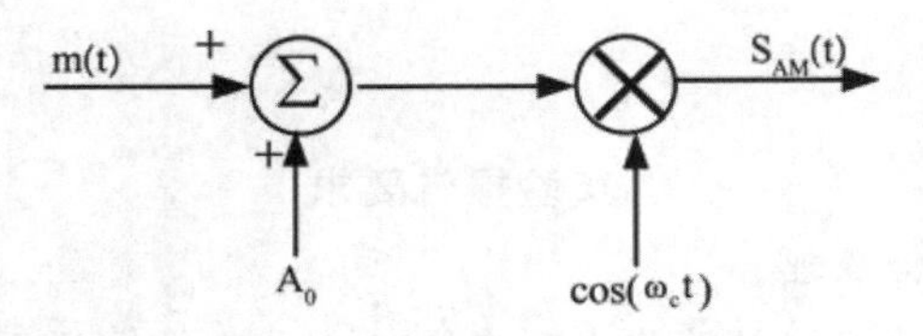

图5-1 调幅数学模型

图5-1中,m(t)为基带信号,可以是确定信号,也可以是随机信号,但通常用单频余弦波来表示,即

$$m(t)=A_m\cos(\omega_m t) \tag{5-1}$$

式中:A_m 为调制信号幅度,必须满足 $A_m<A_0$;ω_m 为调制角频率。

已调信号(AM)的表达式为

$$\begin{aligned}S_{AM}(t)&=[A_0+m(t)]\cos(\omega_c t)\\&=[A_0+A_m\cos(\omega_m t)]\cos(\omega_c t)\end{aligned} \tag{5-2}$$

设m(t)的频谱为M(ω),由傅里叶变换可得已调信号的频域表达式为

$$S_{AM}(\omega)=\pi A_0\left[\delta(\omega-\omega_c)+\delta(\omega+\omega_c)\right]+\frac{1}{2}\left[M(\omega-\omega_c)+M(\omega+\omega_c)\right] \tag{5-3}$$

AM 信号的时域波形及其频谱如图 5-2 所示。AM 信号的频谱由载频分量、上边带、下边带三部分组成,它的带宽是基带信号带宽的两倍。在时域波形上,调幅信号的幅度随基带信号的规律成正比变化;在频谱结构上,调幅信号的频谱完全是基带信号频谱在频域内的线性搬移。

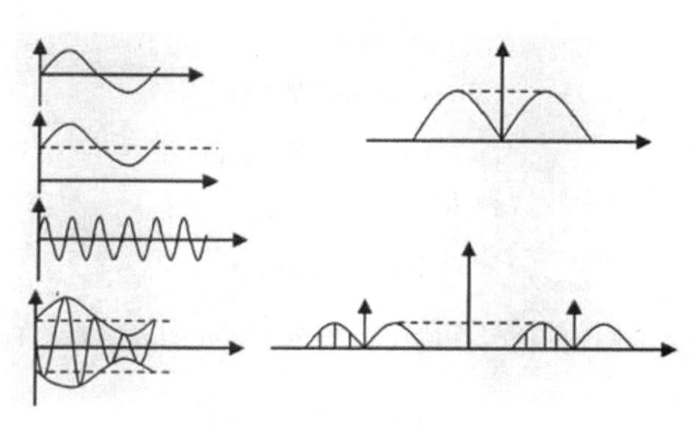

图 5-2　AM 信号的时域波形及其频谱

2. 标准振幅调制的相干解调

解调的方式有两种:相干解调与非相干解调。相干解调适用于各种线性调制系统,非相干解调一般适用于幅度调制(AM)信号。相干解调也称同步检波,是为了从接收的已调信号中不失真地恢复原调制信号,要求本地载波和接收信号的载波保证同频同相。它与接收的已调信号相乘后,经低通滤波器取出低频分量,即可得到原始的基带调制信号。AM 信号的相干解调原理框图如图 5-3 所示。

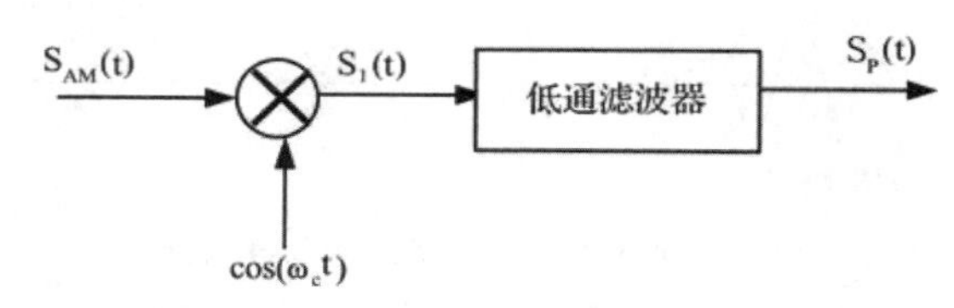

图 5-3　AM 信号的相干解调原理框图

将已调信号乘以一个与调制器同频同相的载波,可得

$$\begin{aligned} S_1(t) &= S_{AM}(t) \cdot \cos(\omega_c t) = [A_0 + m(t)]\cos^2(\omega_c t) \\ &= \frac{1}{2}[A_0 + m(t)] + \frac{1}{2}[A_0 + m(t)]\cos(2\omega_c t) \end{aligned} \tag{5-4}$$

上式通过低通滤波器滤除高频信号后,得

$$S_p(t) = \frac{1}{2}[A_0 + m(t)] \tag{5-5}$$

再经过隔直流电容后,无失真地恢复出原始的调制信号 $S(t) = \frac{1}{2}m(t)$。

3. 双边带调制

在 AM 信号中,载波分量并不携带信息,信息完全由边带传送。如果将载波信号抑制,只需将直流信号 A_0 去掉,即可输出抑制载波的双边带信号,简称双边带信号(DSB)。DSB 调制模型如图 5-4 所示。

DSB 调制的时域表达式为

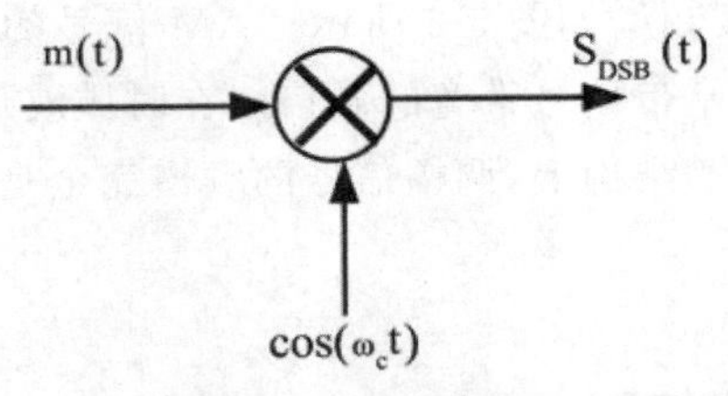

图 5-4 DSB 调制模型

$$S_{DSB}(t)=m(t)\cos(\omega_c t) \tag{5-6}$$

由傅里叶变换可得已调信号的频域表达式为

$$S_{DSB}(\omega)=\frac{1}{2}[M(\omega+\omega_c)+M(\omega-\omega_c)] \tag{5-7}$$

DSB 的频谱与 AM 的频谱相近，只是没有了在 $\pm\omega$ 处的 δ 函数。DSB 信号的时域波形及其频谱如图 5-5 所示。

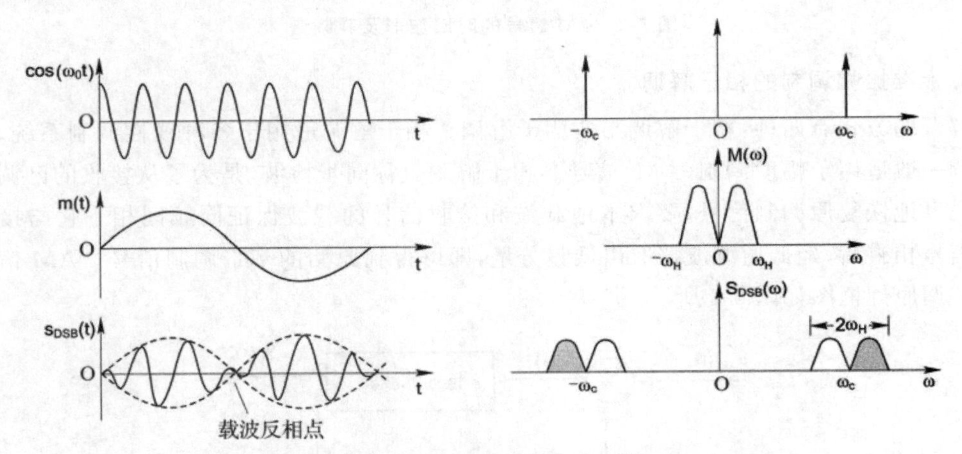

图 5-5 DSB 信号的时域波形及其频谱

4. 双边带调制的相干解调

DSB 信号的相干解调一般模型如图 5-6 所示。

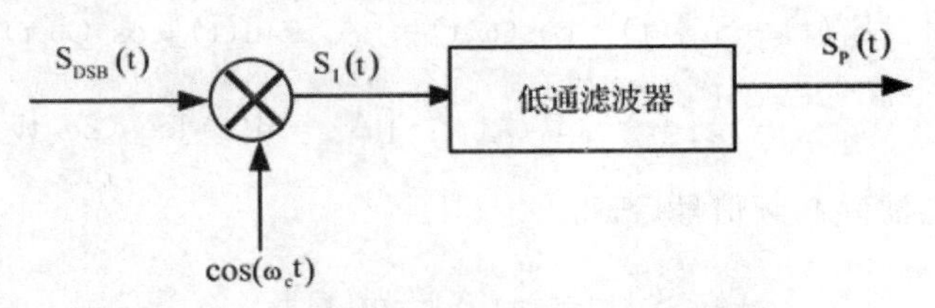

图 5-6 DSB 信号的相干解调一般模型

DSB 信号与相干载波 $\cos(\omega_c t)$ 相乘后，得

$$\begin{aligned} S_1(t) &= S_{DSB}(t)\cdot\cos(\omega_c t)=m(t)\cos^2(\omega_c t) \\ &= \frac{1}{2}m(t)+\frac{1}{2}m(t)\cos(2\omega_c t) \end{aligned} \tag{5-8}$$

上式通过低通滤波器滤除高频信号后，得

$$S_p(t)=\frac{1}{2}m(t) \tag{5-9}$$

5. 程序示例

实例 1 已知基带信号为 $m(t)=\sqrt{2}\cos(2\pi t)$，载波信号为 $s(t)=\cos(20\pi t)$，画出 AM 调制信号及功率谱图。

MATLAB 源程序如下：

```
clear all;
dt=0.001;           %时间采样频谱
fmax=1;         %信源最高频谱
fc=10;         %载波中心频率
T=5;         %信号时长
N=T/dt;
t=[0:N-1]*dt;
mt=sqrt(2)*cos(2*pi*fmax*t);   %信源
A=2;
s_am=(A+mt).*cos(2*pi*fc*t);
[f,Xf]=FFT_SHIFT(t,s_am);   %调制信号频谱
PSD=(abs(Xf).^2)/T;      %调制信号功率谱密度
figure(1)
subplot(311);
plot(t,mt);  %原始信号 m(t)的波形
title('原始信号 m(t)的波形');
xlabel('t');
subplot(312);
plot(t,s_am);hold on;     %画出 AM 信号波形
plot(t,A+mt,'r--');      %标示 AM 包络
title('AM 调制信号及其包络');
xlabel('t');
subplot(313);       %画出功率谱图形
plot(f,PSD);
axis([-2*fc 2*fc 0 max(PSD)+1]);
title('AM 信号功率谱');
xlabel('f');
```

调用的函数 FFT_SHIFT 采用以 function 开头的 M 文件，即函数文件来实现，其为 FFT_SHIFT.m 文件，程序如下：

```
function[f,sf]=FFT_SHIFT(t,st)
%This function is FFT to calculate a signal's Fourier transform
%Input:t:sampling time,st:signal data.Time length must greater than 2
%output:f:sampling frequency,sf:frequent
%output is the frequency and the signal spectrum
dt=t(2)-t(1);
T=t(end);
df=1/T;
```

```
N=length(t);
f=[-N/2:N/2-1]*df;
sf=fft(st);
sf=T/N*fftshift(sf);
end
```

运行结果如图 5-7 所示。

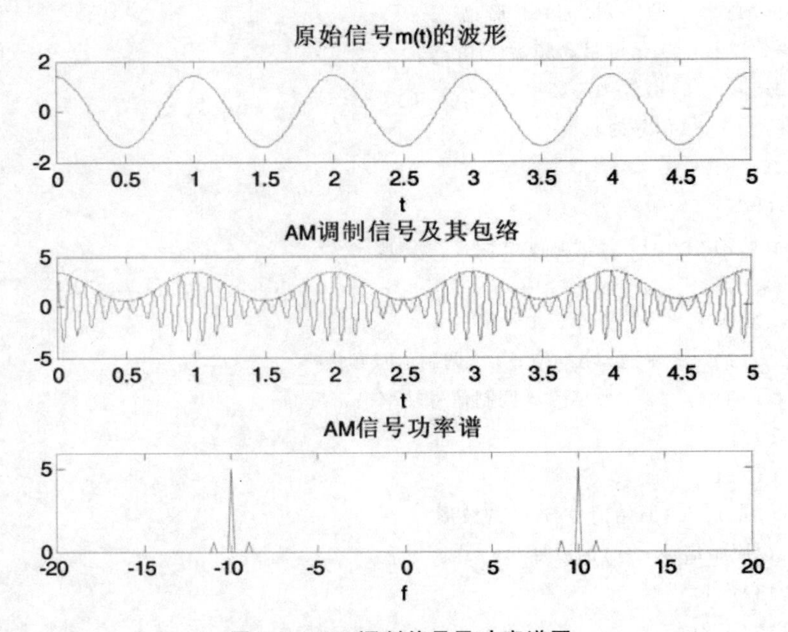

图 5-7 AM 调制信号及功率谱图

实例 2 对实例 1 中的 AM 已调信号进行相干解调，画出相干解调后的时域波形及功率谱图。

MATLAB 源程序如下：

```
clc,clear;
dt=0.001;          %时间采样频谱
fmax=1;            %信源最高频谱
fc=10;             %载波中心频率
T=5;               %信号时长
B=2*fmax;
N=floor(T/dt);
t=[0:N-1]*dt;
mt=sqrt(2)*cos(2*pi*fmax*t);    %信源
A=2;
am=(A+mt).*cos(2*pi*fc*t);
amd=am.*cos(2*pi*fc*t);
amd=amd-mean(amd);
[f,AMf]=FFT_SHIFT(t,amd);
```

```
B=2*fmax;
[t,am_t]=RECT_LPF(f,AMf,B);
[f,Xf]=FFT_SHIFT(t,am_t);    %调制信号频谱
PSD=(abs(Xf).^2)/T;      %调制信号功率谱密度
subplot(2,1,1);
plot(t,am_t);hold on;     %画出 AM 信号波形
%plot(t,A+mt,'r--');      %标示 AM 包络
title('相干解调后的波形');
xlabel('t');
subplot(2,1,2);        %画出功率谱图形
plot(f,PSD);
axis([-2*fc 2*fc 0 max(PSD)+0.1]);
title('相干解调后的功率谱');
xlabel('f');
```

上述程序中，[t,am_t]=RECT_LPF(f,AMf,B)调用的是 RECT_LPF.m 文件，程序如下：

```
function[t,st]=RECT_LPF(f,Sf,B)
df=f(2)-f(1);
fN=length(f);
RectH=zeros(1,fN);
BN=floor(B/df);
BN_SHIFT=[-BN:BN-1]+floor(fN/2);
RectH(BN_SHIFT)=1;
Yf=RectH.*Sf;
[t,st]=IFFT_SHIFT(f,Yf);
end
```

而 RECT_LPF.m 文件中，[t,st]=IFFT_SHIFT(f,Yf)调用的是 IFFT_SHIFT.m 文件，程序如下：

```
function[t,st]=IFFT_SHIFT(f,Sf)
df=f(2)-f(1);
fmax=(f(end)-f(1)+df);
dt=1/fmax;
N=length(f);
t=[0:N-1]*dt;
Sf=fftshift(Sf);
st=fmax*ifft(Sf);
st=real(st);
end
```

运行结果如图 5-8 所示。

实例 3 已知基带信号为 $m(t)=\sqrt{2}\cos(2\pi t)$，载波信号为 $s(t)=\cos(20\pi t)$，画出 DSB 调制信号及功率谱图。

MATLAB 源程序如下：

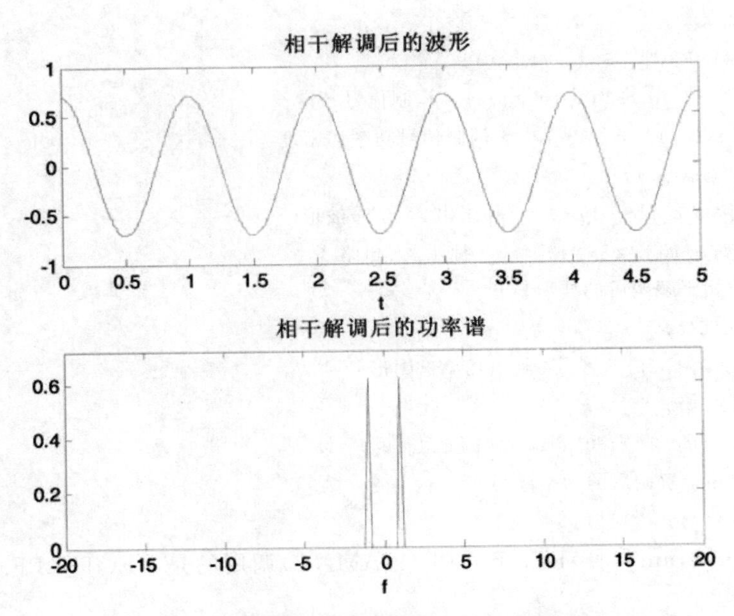

图 5-8　AM 信号相干解调后的时域波形及功率谱图

```
clc,clear;
dt=0.001;          %时间采样频谱
fmax=1;            %信源最高频谱
fc=10;             %载波中心频率
T=5;               %信号时长
t=0:dt:T;
mt=sqrt(2)*cos(2*pi*fmax*t);   %信源
s_dsb=mt.*cos(2*pi*fc*t);
[f,sf]=FFT_SHIFT(t,s_dsb);     %调制信号频谱
PSD=(abs(sf).^2)/T;   %调制信号功率谱密度
subplot(311)
plot(t,s_dsb);
title('DSB调制信号');
xlabel('t');
subplot(312)
plot(t,s_dsb);hold on;      %画出DSB信号波形
plot(t,mt,'r--');           %标示mt波形
title('DSB调制信号及其包络');
xlabel('t');
subplot(313)
plot(f,PSD);
axis([-2*fc 2*fc 0 max(PSD)+0.1]);
title('DSB信号功率谱');
xlabel('f');
```

运行结果如图 5-9 所示。

对实例 3 中的 DSB 信号进行相干解调，画出相干解调后的时域波形及功率谱图。

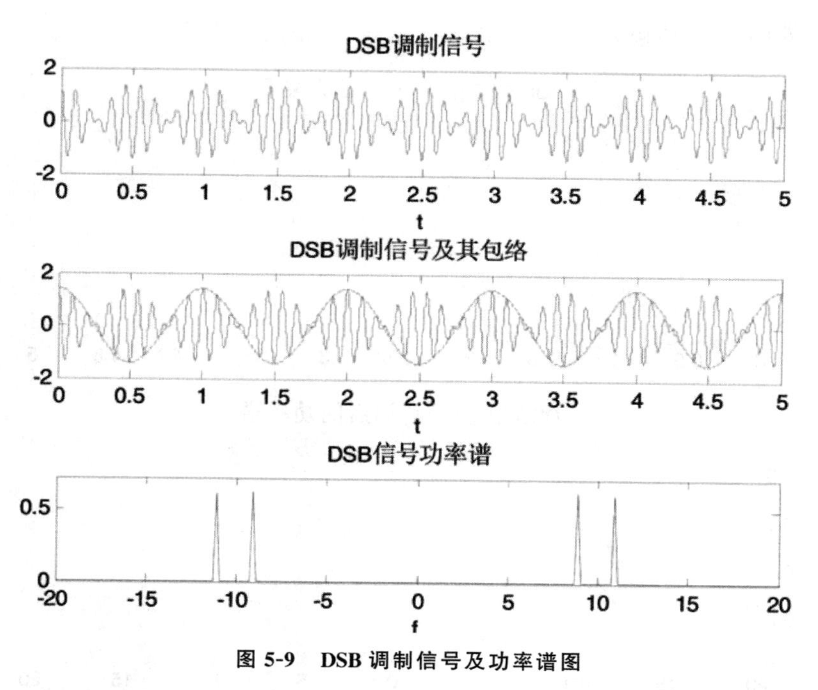

图 5-9　DSB 调制信号及功率谱图

MATLAB 源程序如下：

```
clc,clear;
dt=0.001;          %时间采样频谱
fmax=1;            %信源最高频谱
fc=10;             %载波中心频率
T=5;          %信号时长
B=2*fmax;
N=floor(T/dt);
t=[0:N-1]*dt;
mt=sqrt(2)*cos(2*pi*fmax*t);   %信源
dsb=mt.*cos(2*pi*fc*t);
dsbd=dsb.*cos(2*pi*fc*t);
dsbd=dsbd-mean(dsbd);
[f,DSBf]=FFT_SHIFT(t,dsbd);
B=2*fmax;
[t,dsb_t]=RECT_LPF(f,DSBf,B);
[f,Xf]=FFT_SHIFT(t,dsb_t);   %调制信号频谱
PSD=(abs(Xf).^2)/T;      %调制信号功率谱密度
subplot(2,1,1);
plot(t,dsb_t);hold on;     %画出 DSB 信号波形
title('DSB-SC 相干解调后的波形');
xlabel('t');
subplot(2,1,2);        %画出功率谱图形
plot(f,PSD);
axis([-2*fc 2*fc 0 1.5*max(PSD)]);
title('DSB-SC 相干解调后的功率谱');
xlabel('f');
```

运行结果如图 5-10 所示。

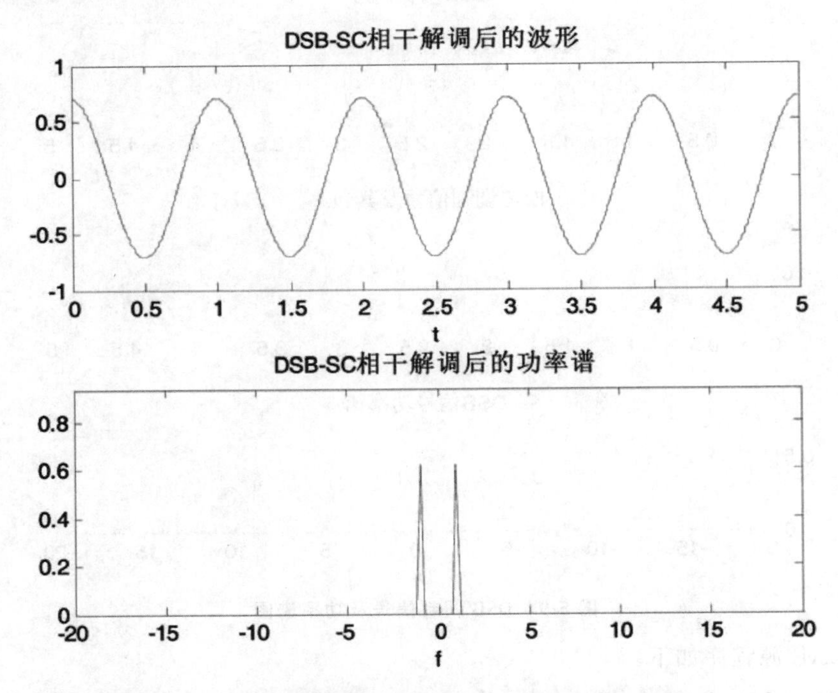

图 5-10 DSB 信号相干解调后的时域波形及功率谱图

思考题

(1)已知基带信号为 $m(t)=10\sin(4\pi t)$，载波信号为 $s(t)=2\cos(30\pi t)$，画出 AM 调制信号及功率谱图。

(2)对思考题(1)中的 AM 已调信号进行相干解调，画出相干解调后的时域波形及功率谱图。

(3)已知基带信号为 $m(t)=10\sin(4\pi t)$，载波信号为 $s(t)=2\cos(30\pi t)$，画出 DSB 调制信号及功率谱图。

(4)对思考题(3)中的 DSB 信号进行相干解调，画出相干解调后的时域波形及功率谱图。

实验报告要求

(1)简述实验目的。

(2)整理思考题的程序，标注关键语句实现的功能，打印运行结果图形，并粘贴在实验报告上。

(3)总结实验心得体会。

实验 19 单边带和残留边带调制

一、实验目的

(1)掌握 SSB 调制和解调原理、VSB 调制原理。

(2)学会 MATLAB 仿真软件在 SSB、VSB 调制中的应用。

二、实验原理与内容

1. 单边带调制

单边带幅度调制(single side band amplitude modulation)只传输频带幅度调制信号的一个边带,使用的带宽只有双边带调制信号的一半,具有更高的频率利用率,成为一种广泛使用的调制方式。

单边带调制(SSB)信号是将双边带信号中的一个边带滤掉而形成的。根据方法的不同,产生 SSB 信号的方法有滤波法和相移法。

单边带调制就是只传送双边带信号中的一个边带(上边带或下边带)。产生单边带信号最直接、最常用的方法是滤波法,即从双边带信号中滤出一个边带信号。滤波法模型示意图如图 5-11 所示。

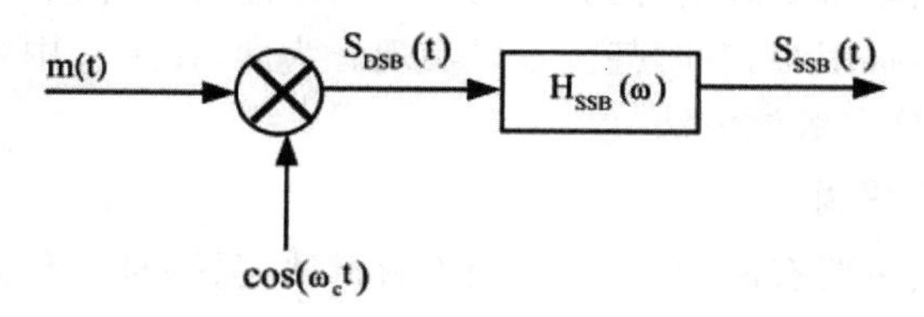

图 5-11 滤波法模型示意图

图 5-11 中,$H_{SSB}(\omega)$是单边带滤波器的系统函数,即 $H_{SSB}(t)$的傅里叶变换。若保留上边带,则 $H_{SSB}(\omega)$应具有高通特性,其表达式为

$$H_{SSB}(\omega)=H_{USB}(\omega)=\begin{cases}1 & (|\omega|>\omega_c)\\0 & (|\omega|\leqslant\omega_c)\end{cases} \tag{5-10}$$

若保留下边带,则 $H_{SSB}(\omega)$应具有低通特性,其表达式为

$$H_{SSB}(\omega)=H_{LSB}(\omega)=\begin{cases}1 & (|\omega|<\omega_c)\\0 & (|\omega|\geqslant\omega_c)\end{cases} \tag{5-11}$$

单边带信号的上边带和下边带频谱如图 5-12 所示。

理想低通滤波器是不可能实现的,实际滤波器从通带到阻带之间有一个过渡带。比如,语音通信中的语音信号的频率范围为 300～3400 Hz,最低频率为 300 Hz,则允许过渡带频率为 600 Hz。实现滤波器的难易程度与过渡带相对于载频的归一化值有关,过渡带的归一化值愈小,分割上、下边带的滤波器就愈难实现。

归一化值的计算方法为

$$\alpha=\frac{\Delta f}{f_c} \tag{5-12}$$

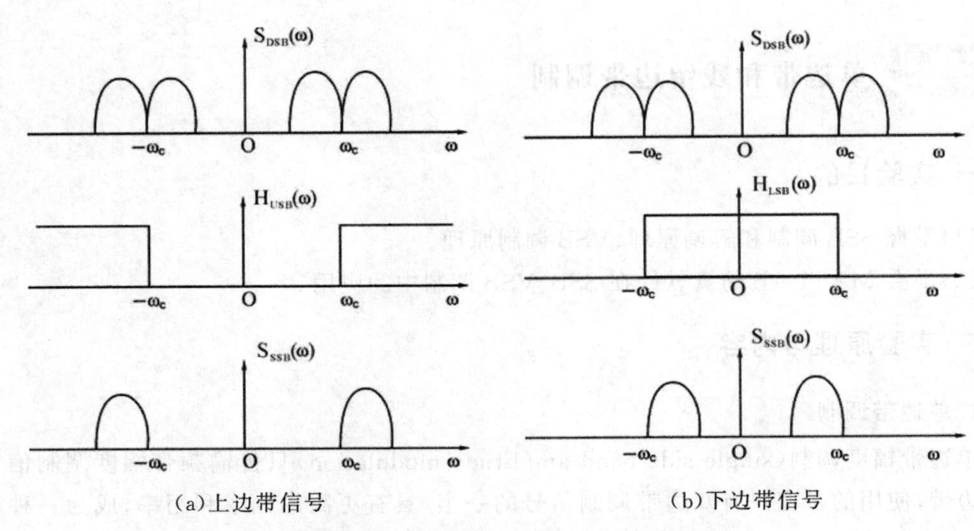

图 5-12　单边带信号的上边带和下边带频谱

式中，Δf 为滤波器的过渡带，f_c 为单边带信号的载频。归一化值反映了滤波器衰减特性的陡峭程度。归一化值越小，滤波器越难以实现。一般要求归一化值不低于 10^{-3}。如果要提高归一化值，则要求 ΔB 加宽。一般的调制信号都具有丰富的低频成分，经调制后得到的双边带信号的上、下边带之间的间隔很窄。例如，模拟电话信号的最低频率为 300 Hz，经过双边带调制后，上、下边带之间的间隔仅有 600 Hz，这个间隔应是单边带滤波器的过渡带。要求在这样窄的过渡带内阻带衰减上升到 40 dB 以上，才能有效抑制一个无用的边带，这就使得滤波器的设计和制作很困难，有时甚至难以实现。为此，在工程中往往采用多级频率搬移和多级滤波的方法，简称多级滤波法。

2. 单边带调制的相干解调

SSB 信号的解调方法主要有两种：一种是相干解调法，另一种是包络检波。相干解调也叫同步检波。

SSB 信号的解调不能采用简单的包络检波，因为 SSB 信号是抑制载波的已调信号，它的包络不能直接反映调制信号的变化，所以仍需采用相干解调。SSB 信号的相干解调同样可以用相乘器与载波相乘来实现。SSB 信号的相干解调一般模型如图 5-13 所示。

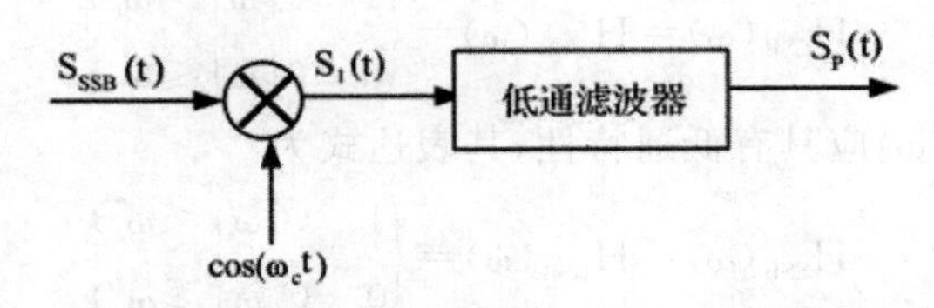

图 5-13　SSB 信号的相干解调一般模型

已知单边带信号的时域表达式为

$$S_{SSB}(t)=\frac{1}{2}m(t)\cos(\omega_c t)\pm\frac{1}{2}\hat{m}(t)\sin(\omega_c t) \tag{5-13}$$

单边带信号乘以同频同相的载波信号后，得

$$\begin{aligned} S_1(t)&=S_{SSB}(t)\cdot\cos(\omega_c t)\\ &=\frac{1}{2}m(t)+\frac{1}{2}m(t)\cos(2\omega_c t)\pm\frac{1}{2}\hat{m}(t)\sin(2\omega_c t)\end{aligned} \tag{5-14}$$

经过低通滤波器后输出为

$$S_p(t)=\frac{1}{2}m(t) \tag{5-15}$$

从而可以解调出原始信号。

SSB 信号的实现比 AM、DSB 信号要复杂，但 SSB 调制方式在传输信息时，不仅可节省发射功率，而且它所占用的频带宽度比 AM、DSB 调制方式减少一半，它目前已成为短波通信中的一种重要调制方式。

3. 残留边带调制

残留边带调制（VSB）与 SSB 相似，但是允许滤波器有过渡带，其中一个边带损失的部分能够恰好被另外一个边带残留的部分补偿。残留边带调制是介于单边带调制与双边带调制之间的一种调制方式，它既克服了 DSB 信号占用频带宽的问题，又解决了单边带滤波器不易实现的难题。采用滤波法来实现残留边带调制，VSB 调制原理图如图 5-14 所示。为了保证相干解调时无失真地恢复基带信号，要求残留边带滤波器的传输函数 H(ω)在载频处具有互补对称性。

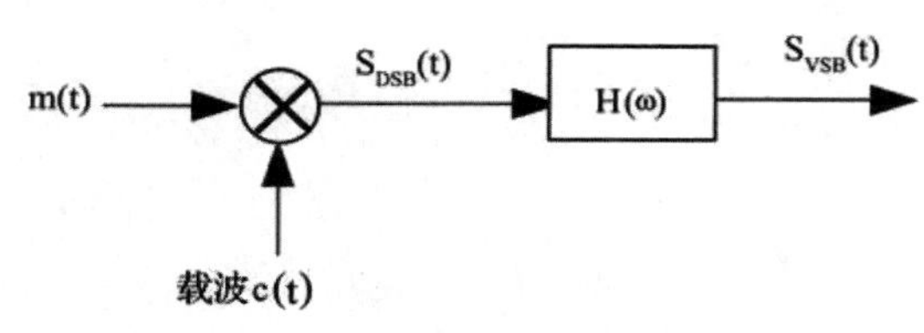

图 5-14　VSB 调制原理图

4. 程序示例

实例 5　已知基带信号为 $m(t)=\sqrt{2}\cos(2\pi t)$，载波信号为 $s(t)=2\cos(20\pi t)$，画出 SSB 调制信号及功率谱图。

MATLAB 源程序如下：

```
clc,clear;
dt=0.001;          %时间采样频谱
fmax=1;          %信源最高频谱
fc=10;          %载波中心频率
T=5;          %信号时长
t=0:dt:T;
mt=sqrt(2)*cos(2*pi*fmax*t);   %信源
s_ssb=real(hilbert(mt).*exp(j*2*pi*fc*t));
[f,sf]=FFT_SHIFT(t,s_ssb);    %单边带信号频谱
PSD=(abs(sf).^2)/T;      %单边带信号功率谱
subplot(311)
plot(t,s_ssb);
title('SSB 调制信号');
xlabel('t');
```

```
subplot(312)
plot(t,s_ssb);hold on;   %画出 SSB 信号波形
plot(t,mt,'r--');        %标示 mt 的包络
title('SSB 调制信号及其包络');
xlabel('t');
subplot(313)
plot(f,PSD);
axis([-2*fc 2*fc 0 max(PSD)+0.2]);
title('SSB 信号功率谱');
xlabel('f');
```

调用的函数 FFT_SHIFT 采用以 function 开头的 M 文件来实现，其为 FFT_SHIFT.m 文件，程序如下：

```
function[f,sf]=FFT_SHIFT(t,st)
dt=t(2)-t(1);
T=t(end);
df=1/T;
N=length(t);
f=[-N/2:N/2-1]*df;
sf=fft(st);
sf=T/N*fftshift(sf);
end
```

运行结果如图 5-15 所示。

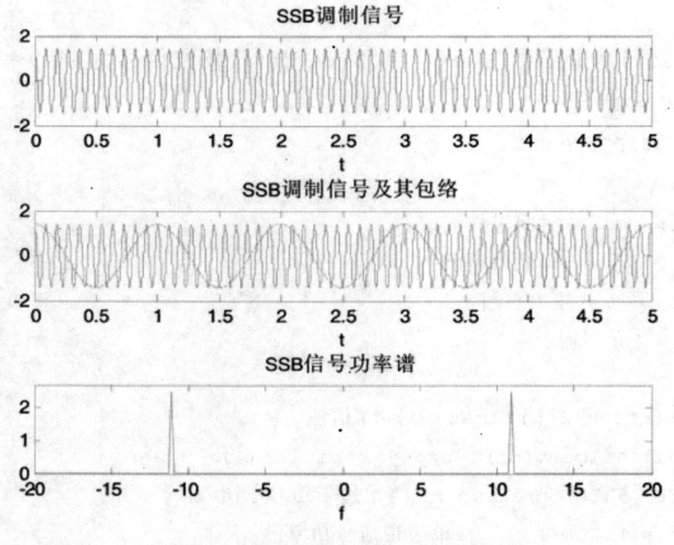

图 5-15　SSB 调制信号及功率谱图

对实例 5 中的 SSB 信号进行相干解调，画出相干解调后的时域波形及功率谱图。

MATLAB 源程序如下：

```
clc,clear;
t=0.001;           %时间采样频谱
fmax=1;            %信源最高频谱
fc=10;             %载波中心频率
T=5;               %信号时长
B=2*fmax;
N=floor(T/dt);
t=[0:N-1]*dt;
mt=sqrt(2)*cos(2*pi*fmax*t);    %信源
ssb=real(hilbert(mt).*exp(j*2*pi*fc*t));
ssbd=ssb.*cos(2*pi*fc*t);
ssbd=ssbd-mean(ssbd);
[f,SSBf]=FFT_SHIFT(t,ssbd);
B=2*fmax;
[t,ssb_t]=RECT_LPF(f,SSBf,B);
[f,Xf]=FFT_SHIFT(t,ssb_t);    %调制信号频谱
PSD=(abs(Xf).^2)/T;       %调制信号功率谱密度
subplot(2,1,1);
plot(t,ssb_t);hold on;     %画出 SSB 信号波形
title('SSB 相干解调后的波形');
xlabel('t');
subplot(2,1,2);          %画出功率谱图形
plot(f,PSD);
axis([-2*fc 2*fc 0 1.5*max(PSD)]);
title('SSB 相干解调后的功率谱');
xlabel('f');
```

上述程序中,[t,ssb_t]=RECT_LPF(f,SSBf,B)调用的是 RECT_LPF. m 文件,程序如下:

```
function[t,st]=RECT_LPF(f,Sf,B)
df=f(2)-f(1);
fN=length(f);
RectH=zeros(1,fN);
BN=floor(B/df);
BN_SHIFT=[-BN:BN-1]+floor(fN/2);
RectH(BN_SHIFT)=1;
Yf=RectH.*Sf;
[t,st]=IFFT_SHIFT(f,Yf);
end
```

而 RECT_LPF. m 文件中,[t,st]=IFFT_SHIFT(f,Yf)调用的是 IFFT_SHIFT. m 文件,程序如下:

```
function[t,st]=IFFT_SHIFT(f,Sf)
df=f(2)-f(1);
```

```
fmax=(f(end)-f(1)+df);
dt=1/fmax;
N=length(f);
t=[0:N-1]*dt;
Sf=fftshift(Sf);
st=fmax*ifft(Sf);
st=real(st);
end
```

运行结果如图 5-16 所示。

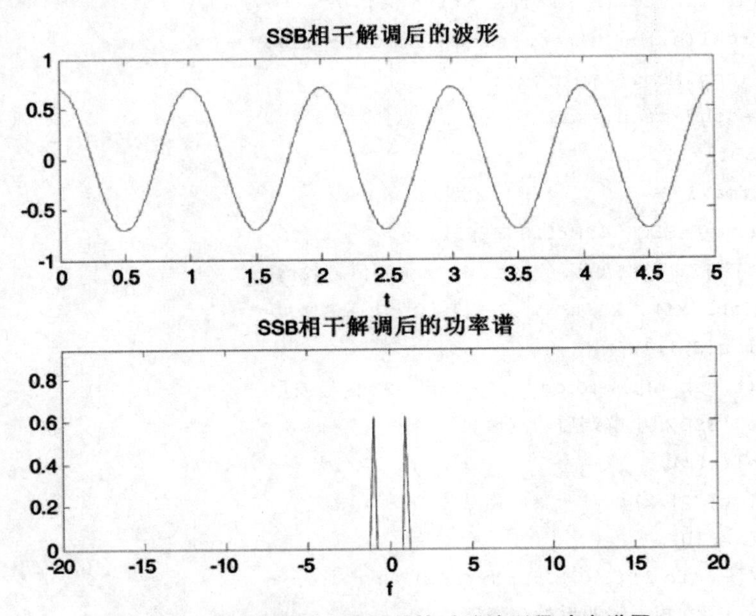

图 5-16 SSB 信号相干解调后的时域波形及功率谱图

实例 7 已知基带信号为 $m(t)=\sqrt{2}\cos(2\pi t)$，载波信号为 $s(t)=\cos(20\pi t)$，画出 VSB 调制信号及功率谱图。

MATLAB 源程序如下：

```
clc,clear;
dt=0.001;
fmax=5;
fc=20;
T=5;
N=T/dt;
t=[0:N-1]*dt;
mt=sqrt(2)*(cos(2*pi*fmax*t)+sin(2*pi*0.5*fmax*t));
%VSB modulation
s_vsb=mt.*cos(2*pi*fc*t);
B1=0.2*fmax;
B2=1.2*fmax;
[f,sf]=FFT_SHIFT(t,s_vsb);
[t,s_vsb]=vsbmd(f,sf,B1,B2,fc);
%Power Spectrum Density
```

```
[f,sf]=FFT_SHIFT(t,s_vsb);
PSD=(abs(sf).^2)/T;
%Plot VSB and PSD
figure(1)
subplot(211)
plot(t,s_vsb);hold on;
plot(t,mt,'r--');
title('VSB 调制信号');
xlabel('t');
subplot(212)
plot(f,PSD);
axis([-2*fc 2*fc 0 max(PSD)]);
title('VSB 信号功率谱');
xlabel('f');
```

上述程序中，带通滤波器的实现采用 vsbmd(f,sf,B1,B2,fc)函数，其调用的是 vsbmd.m 文件，程序如下：

```
function[t,st]=vsbmd(f,sf,B1,B2,fc)
df=f(2)-f(1);
T=1/df;
hf=zeros(1,length(f));
bf1=[floor((fc-B1)/df):floor((fc+B1)/df)];
bf2=[floor((fc-B1)/df)+1:floor((fc+B2)/df)];
f1=bf1+floor(length(f)/2);
f2=bf2+floor(length(f)/2);
stepf=1/length(f1);
hf(f1)=0:stepf:1-stepf;
hf(f2)=1;
f3=-bf1+floor(length(f)/2);
f4=-bf2+floor(length(f)/2);
hf(f3)=0:stepf:(1-stepf);
hf(f4)=1;
yf=hf.*sf;
[t,st]=IFFT_SHIFT(f,yf);
st=real(st);
end
```

而 vsbmd.m 文件调用的是 IFFT_SHIFT.m 文件，程序如下：

```
function[t,st]=IFFT_SHIFT(f,Sf)
df=f(2)-f(1);
fmax=(f(end)-f(1)+df);
dt=1/fmax;
N=length(f);
t=[0:N-1]*dt;
Sf=fftshift(Sf);
st=fmax*ifft(Sf);
st=real(st);
end
```

运行结果如图 5-17 所示。

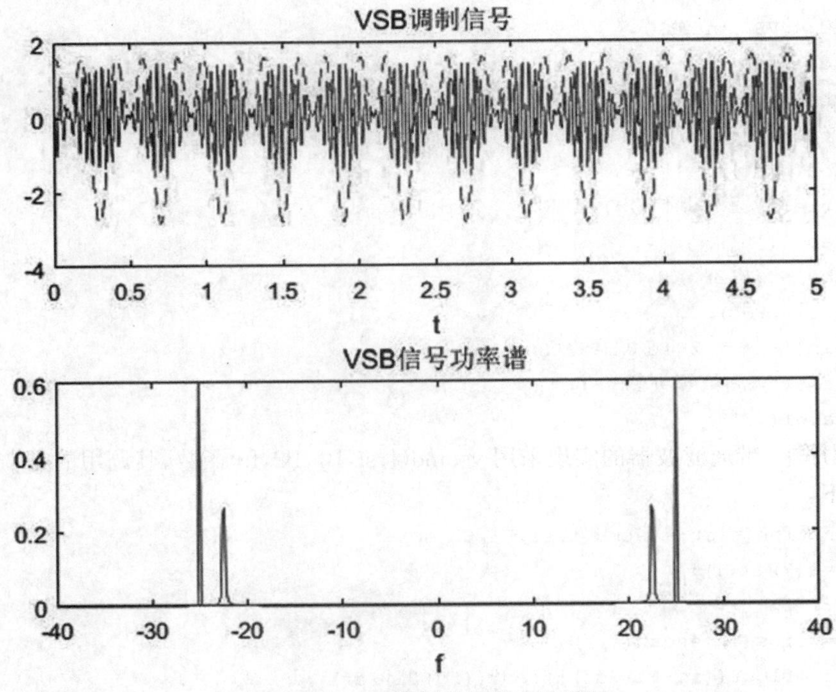

图 5-17 VSB 调制信号及功率谱图

思考题

(1)已知基带信号为 $m(t)=10\sin(4\pi t)$，载波信号为 $s(t)=2\cos(30\pi t)$，画出 SSB 调制信号及功率谱图。

(2)对思考题(1)中的 SSB 信号进行相干解调，画出相干解调后的时域波形及功率谱图。

(3)已知基带信号为 $m(t)=10\sin(4\pi t)$，载波信号为 $s(t)=2\cos(30\pi t)$，画出 VSB 调制信号及功率谱图。

实验报告要求

(1)简述实验目的。

(2)整理思考题的程序，标注关键语句实现的功能，打印运行结果图形，并粘贴在实验报告上。

(3)总结实验心得体会。

实验20 频率调制

一、实验目的

(1)学习使用MATLAB产生三角波、方波、随机信号等；

(2)掌握利用MATLAB实现信号的频率调制和解调的方法。

二、实验原理与内容

1. 频率调制

频率调制，即FM调频，是一种以载波的瞬时频率变化来表示信息的调制方式，通过利用载波的不同频率来表达不同的信息。实现调频的方法有直接调频法和间接调频法。直接调频法是用调制信号直接对载波进行频率调制；间接调频法是先对调制信号进行积分，再进行相位调制。直接调频法和间接调频法的原理框图如图5-18所示。

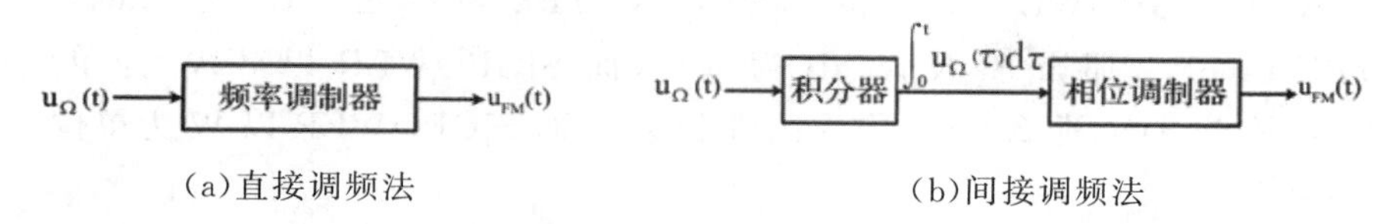

图5-18 直接调频法和间接调频法的原理框图

直接调频电路可以通过利用调制信号直接控制振荡器的振荡频率来实现调频，所以，在直接调频法中常采用压控振荡器(voltage controlled oscillator，VCO)作为频率调制器来产生调频信号。压控振荡器的特点是瞬时角频率$\omega(t)$随外加控制电压$u_\Omega(t)$的变化而变化，瞬时角频率和外加控制电压之间的关系为

$$\omega(t)=\omega_o+k_f u_\Omega(t) \tag{5-16}$$

压控振荡器输出的信号为调频信号，FM波的时域表达式为

$$\begin{aligned} u_{FM}(t)&=U_{om}\cos\varphi(t)=U_{om}\cos\left[\omega_o t+k_f\int_0^t u_\Omega(\tau)d\tau\right] \\ &=\frac{k_f U_{\Omega m}}{\Omega}\sin\Omega t \end{aligned} \tag{5-17}$$

式中，k_f是压控振荡器的压控灵敏度(rad/s/V)。

2. 频率解调

调制信号的解调分为相干解调和非相干解调两种。相干解调只适用于窄带调频信号，且需要同步信号，应用范围受限制；而非相干解调不需要同步信号，且对窄带和宽带调频信号都适用，因此，非相干解调是FM系统的主要解调方式。非相干解调中的鉴频采用微分鉴频器来实现，微分鉴频的原理框图如图5-19所示。

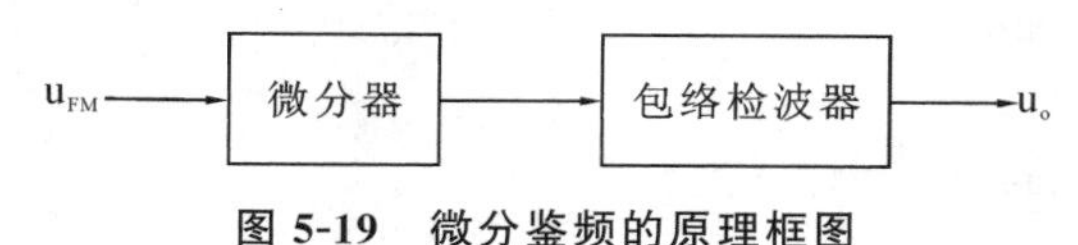

图5-19 微分鉴频的原理框图

调频信号经过微分器后变成调幅调频波，然后由包络检波器检出包络，最后通过低通滤波器恢复出调制信号。调频信号经过微分器后输出的信号为

$$u_{o1}=\frac{du_{FM}}{dt}=-U(\omega_c+k_f u_\Omega)\sin\left[\omega_c t+k_f\int_0^t u_\Omega(\tau)d\tau\right] \tag{5-18}$$

为了分析信道噪声对调制的影响，这里加入 AWGN(additive white Gaussian noise)信道，即加性高斯白噪声信道。所谓加性高斯白噪声，就是指信道的噪声在频谱上均匀分布，幅度上呈正态分布。采用 awgn 函数来实现在信道中加入加性高斯白噪声，该函数的调用格式如下：

```
y=awgn(x,SNR,SIGPOWER)
```

如果 SIGPOWER 是数值，则其代表以 dBW 为单位的信号强度；如果 SIGPOWER 为'measured'，则函数将在加入噪声之前测定信号强度。

```
y=awgn(x,SNR,SIGPOWER,STATE)
```

重置 RANDN 的状态。

```
y=awgn(…,POWERTYPE)
```

指定 SNR 和 SIGPOWER 的单位。POWERTYPE 可以是'dB'或'linear'。如果 POWERTYPE 是'dB'，那么 SNR 以 dB 为单位，而 SIGPOWER 以 dBW 为单位；如果 POWERTYPE 是'linear'，那么 SNR 作为比值来度量，而 SIGPOWER 以 W 为单位。

3. 程序示例

实例 8 设输入信号为 $m(t)=2\cos(4\pi t)$，载波中心频率 $f_c=5$ Hz，调频器的压控振荡系数为 2 Hz/V，载波平均功率为 1 W。画出调制信号的波形和调频后的幅度谱；用鉴频器解调该调频信号，并与调制信号进行比较。

MATLAB 源程序如下：

```
clear all
Kf=2;                   %调频器的压控振荡系数
fc=5;                   %载波中心频率
T=5;
dt=0.001;
t=0:dt:T;
fm=2;                   %输入信号频率
A=2;
mt=A*cos(2*pi*fm*t);                %输入信号
mti=1/2/pi/fm*sin(2*pi*fm*t);
FMt=A*cos(2*pi*fc*t+2*pi*Kf*mti);
figure(1);
subplot(311);
plot(t,FMt);hold on;
plot(t,mt,'r--');
xlabel('t');ylabel('调制信号');
subplot(312);
[f sf]=FFT_SHIFT(t,FMt);
```

```
plot(f,abs(sf));
axis([-20 20 0 3]);
xlabel('f');ylabel('FM 幅度谱');
N=length(FMt);
dFMt=zeros(1,N);
for k=1:N-1
dFMt(k)=(FMt(k+1)-FMt(k))/dt;
end
envlp=A*2*pi*Kf*mt+A*2*pi*fc;
subplot(313);
plot(t,dFMt);hold on;
plot(t,envlp,'r--');
xlabel('t');ylabel('调频信号微分后包络');
```

运行结果如图 5-20 所示。

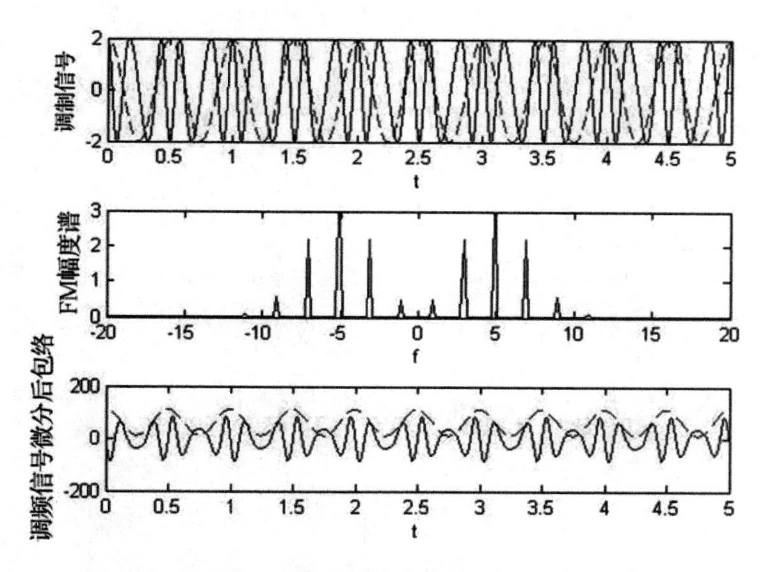

图 5-20　调制信号、FM 幅度谱及调频信号微分后包络波形

实例 9　产生周期 T=2 s、幅度为 1 的方波信号，载波中心频率 f_c=300 Hz，调频灵敏度为 50 rad/s/V，对该方波信号进行 FM 调制与解调，画出其方波信号、无噪声的解调信号和加入 AWGN 信道后信噪比为 15 dB 时的解调信号。

MATLAB 源程序如下：

```
clear all
ts=0.0025;            %信号抽样时间间隔
t=0:ts:10-ts;             %时间向量
fs=1/ts;          %抽样频率
df=fs/length(t);           %fft 的频率分辨率
msg=square(10*pi*[0:0.01:0.99]);
msg1=msg.'*ones(1,fs/10);
```

```
msg2=reshape(msg1.',1,length(t));
Pm=fft(msg2)/fs;              %求方波信号的频谱
f=-fs/2:df:fs/2-df;
subplot(3,1,1);
plot(t,msg2);           %方波信号
axis([0 10 -1.2 1.2]);
title('方波信号');
int_msg(1)=0;           %方波信号积分
forii=1:length(t)-1;
int_msg(ii+1)=int_msg(ii)+msg2(ii)*ts;
end
kf=50;
fc=300;            %载波频率
Sfm=cos(2*pi*fc*t+2*pi*kf*int_msg);            %调频信号
phase=angle(hilbert(Sfm).*exp(-j*2*pi*fc*t));            %FM 调制信号相位
phi=unwrap(phase);
dem=(1/(2*pi*kf)*diff(phi)/ts);            %求相位微分,得到方波信号
dem(length(t))=0;
subplot(3,1,2);
plot(t,dem);
title('无噪声的解调信号')
y1=awgn(Sfm,15,'measured');            %调制信号通过 AWGN 信道
y1(find(y1>1))=1;
y1(find(y1<-1))=-1;
phase1=angle(hilbert(y1).*exp(-j*2*pi*fc*t));            %信号解调
phi1=unwrap(phase1);
dem1=(1/(2*pi*kf)*diff(phi1)/ts);
dem1(length(t))=0;
subplot(3,1,3);
plot(t,dem1);
title('信噪比为 15dB 时的解调信号')
```

运行结果如图 5-21 所示。

实例 10 原始信号是[−5,5]区间均匀分布的随机整数,产生的时间间隔为 0.5 s,FM 调制时的载波信号为 $u_c(t)=\cos(2\pi\times250t)$,时间 t 的取值范围为[0,5],调频灵敏度 k_f 为 50 rad/s/V。画出原始信号和已调信号的频谱,当调制信号频率为 50 Hz 时,求调制信号的带宽。

随机整数采用 randint 函数来实现,其调用格式如下:

```
randint(n,m)
```

产生的是一个 n×m 维矩阵,矩阵的元素是 0 或者 1,是随机的。

```
randint(n,m,a)
```

表示产生一个 n×m 维矩阵,矩阵中元素取值范围为[0,a−1],如果数值 a 为负值,矩阵中元

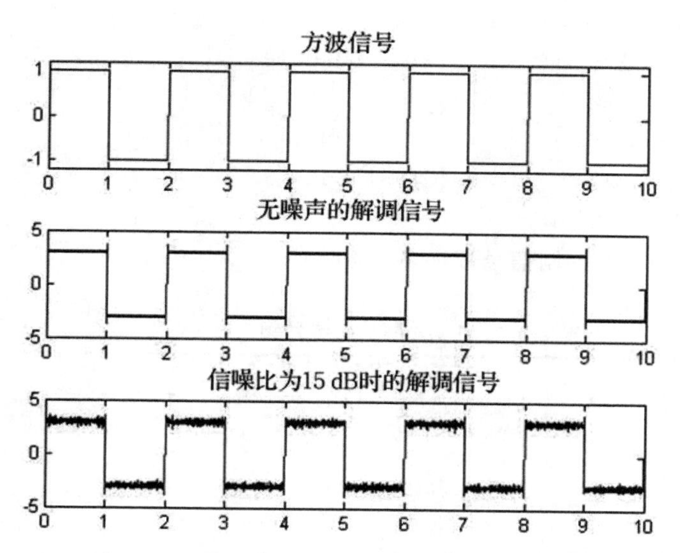

图 5-21　方波信号、无噪声的解调信号和信噪比为 15 dB 时的解调信号波形

素取值范围为[a+1,0],比如 MATLAB 中 randint(n,m,−3)表示区间为[−3+1,0]。

MATLAB 源程序如下：

```
clear all
ts=0.001;
t=0:ts:5-ts;
fs=1/ts;
df=fs/length(t);
msg=randint(10,1,[1,3]);              %生成消息序列，随机数为 123
msg1=msg*ones(1,fs/2);             %扩展成取样信号形式
msg2=reshape(msg1.',1,length(t));
Pm=fft(msg2)/fs;            %求随机信号的频谱
f=-fs/2:df:fs/2-df;
subplot(2,1,1);
axis([0 2.5 0 12]);
plot(t,fftshift(abs(Pm)));
title('随机信号频谱');
int_msg(1)=0;          %随机信号积分
forii=1:length(t)-1
    int_msg(ii+1)=int_msg(ii)+msg2(ii)*ts;
end
kf=50;
fc=250;          %载波频率
Sfm=5*cos(2*pi*fc*t+2*pi*kf*int_msg);          %调频信号
Pfm=fft(Sfm)/fs;          %FM 信号频谱
subplot(2,1,2);
plot(f,fftshift(abs(Pfm)));          %画出已调信号频谱
title('FM 信号频谱');
```

```
Pc=sum(abs(Sfm).^2)/length(Sfm);                    %已调信号功率
Ps=sum(abs(msg2).^2)/length(msg2);                  %随机信号功率
fm=50;
betaf=kf*max(msg)/fm;                   %调制指数
W=2*(betaf+1)*fm;                   %调制信号带宽
```

运行结果如图 5-22 所示。

调制指数 betaf＝3，调制信号带宽 W＝400 Hz。

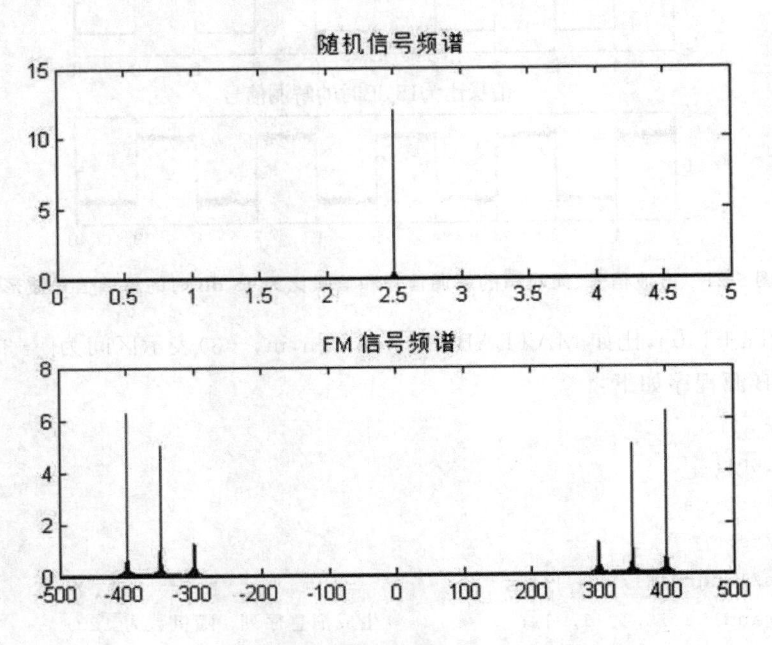

图 5-22　随机信号频谱和 FM 信号频谱

实例 11　产生一个三角波信号，FM 调制时的载波信号为 $u_c(t)=\cos(2\pi\times 300t)$，时间 t 的取值范围为[0,10]，调频灵敏度 k_f 为 50 rad/s/V。画出三角波信号和已调信号的频谱。

三角波采用 sawtooth 函数来实现。sawtooth 函数可产生锯齿波或三角波，其调用格式为

```
x=sawtooth(t,width)
```

产生周期为 2π、幅度在－1 到＋1 之间的周期性三角波信号。其中，width 是 0 到 1 之间的标量。在 0 到 2π×width 区间内，x 的值从－1 线性变化到 1；在 2π×width 到 2π 区间内，x 的值又从 1 线性变化到－1。

MATLAB 源程序如下：

```
clear all
ts=0.001;
t=0:ts:10-ts;
fs=1/ts;
df=fs/length(t);
msg=sawtooth([0:1:99]*pi/8,0.5);          %产生三角波信号
```

```
msg1=msg.'*ones(1,fs/10);    %扩展成取样信号形式
msg2=reshape(msg1.',1,length(t));
Pm=fft(msg2)/fs;    %求三角波信号的频谱
f=-fs/2:df:fs/2-df;
subplot(2,1,1);
plot(f,fftshift(abs(Pm)));
title('三角波信号频谱');
int_msg(1)=0;    %三角波信号积分
forii=1:length(t)-1;
int_msg(ii+1)=int_msg(ii)+msg2(ii)*ts;
end
kf=50;
fc=300;    %载波频率
Sfm=cos(2*pi*fc*t+2*pi*kf*int_msg);    %调频信号
Pfm=fft(Sfm)/fs;    %FM 信号频谱
subplot(2,1,2);
plot(f,fftshift(abs(Pfm)));    %画出已调信号频谱
title('FM 信号频谱');
```

运行结果如图 5-23 所示。

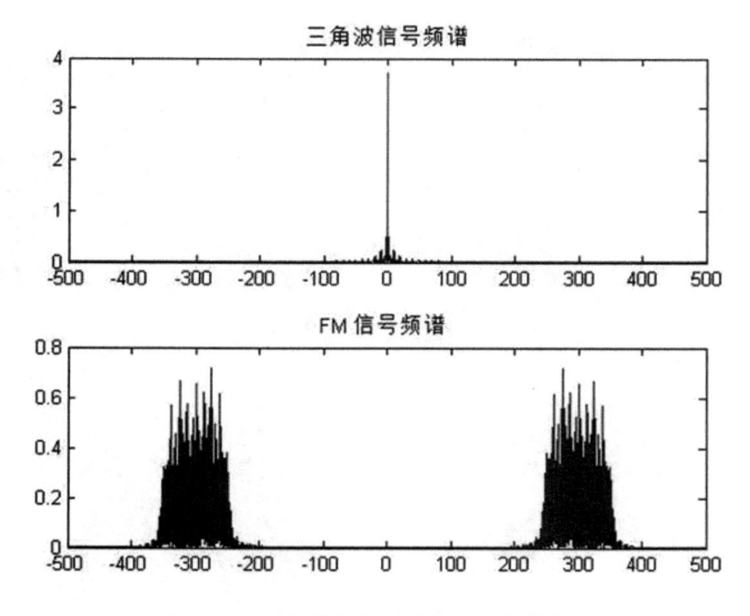

图 5-23　三角波信号频谱和 FM 信号频谱

由实例 11 可知，调频波的频谱包含无穷多个分量，因此，理论上调频波的频带宽度为无限宽。然而实际上边频幅度随着 n 的增大而逐渐减小，因此实际分析计算时，认为调频信号的频谱是有限的。

思考题

(1)设输入信号为 $m(t)=2\cos(2\pi t)$，载波中心频率 $f_c=8$ Hz，调频器的压控振荡系数为 1.2 Hz/V，载波平均功率为 1 W。画出调制信号的波形和调频后的幅度谱；用鉴频器解调该调频信号，并与调制信号进行比较。

(2)产生周期 T=4 s、幅度为 4 的方波信号，载波中心频率 $f_c=350$ Hz，调频灵敏度为 30 rad/s/V，对该方波信号进行 FM 调制与解调，画出其方波信号、无噪声的解调信号及加入 AWGN 信道后信噪比为 10 dB 和 30 dB 时的解调信号。

实验报告要求

(1)简述实验目的。

(2)整理思考题的程序，标注关键语句实现的功能，打印运行结果图形，并粘贴在实验报告上。

(3)对比同一信号在不同信噪比下解调输出的波形，试说明哪种波形较好。

实验 21 脉冲编码和增量调制

一、实验目的

(1)掌握 PCM、DM 调制原理。
(2)学会 MATLAB 仿真软件在 PCM、DM 调制中的应用。

二、实验原理与内容

1. 脉冲编码调制

脉冲编码调制(PCM)主要经过三个过程:抽样、量化和编码。脉冲编码调制是把一个时间连续、取值连续的模拟信号变换成时间离散、取值离散的数字信号后在信道中传输。脉冲编码调制是先对模拟信号抽样,再对样值幅度量化、编码的过程。PCM 系统的原理框图如图 5-24 所示。

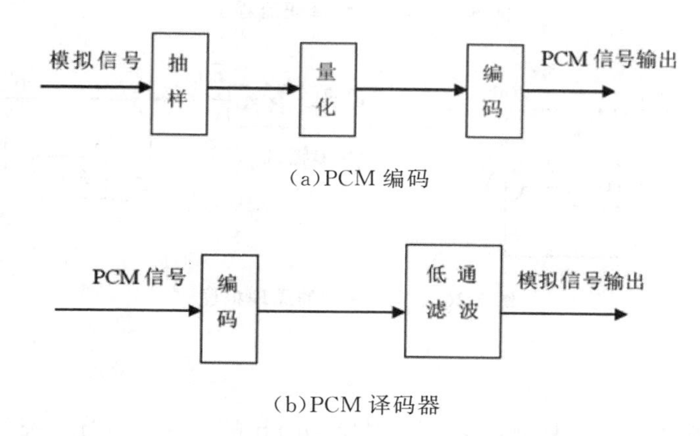

(a)PCM 编码

(b)PCM 译码器

图 5-24 PCM 系统的原理框图

国际上通用的两种具有对数特性的非线性 PCM 编码为 A 律与 μ 律编码方式。脉冲编码调制是公众固定电话系统中的语音编码方法。首先,通过带通滤波器将电话语音信号的频谱范围限制为 300~3400 Hz,并放大到合适的程度(波形电压范围为 −1~1 V);然后以每秒 8000 次对模拟语音信号进行取样;最后对样值进行非均匀量化,形成 256 种不同量化电平值,并以 8 bit 表示每一个样值。因此,PCM 编码输出的数码速率为 64 kb/s。脉冲编码调制采用 13 折线非均匀量化编码,该编码方法是把压缩、量化和编码合为一体的方法。PCM 编译码流程图如图 5-25 所示。

2. 增量调制

增量调制也称为 Δ 调制(delta modulation,DM),它是一种预测编码技术,是 DPCM 编码的一种特例。DM 编码是对实际的采样信号与预测的采样信号之差的极性进行编码,将极性变成"0"和"1"这两种可能的取值之一。如果实际的采样信号与预测的采样信号之差的极性为"正",则用"1"表示;反之,则用"0"表示;或者相反。由于 DM 编码只需用一位对语音信号进行编码,所以 DM 编码系统又称为"1 位系统"。增量调制就是对信号相邻样值的增加量进行 1 B 量化编码的方式,其原理框图如图 5-26 所示。

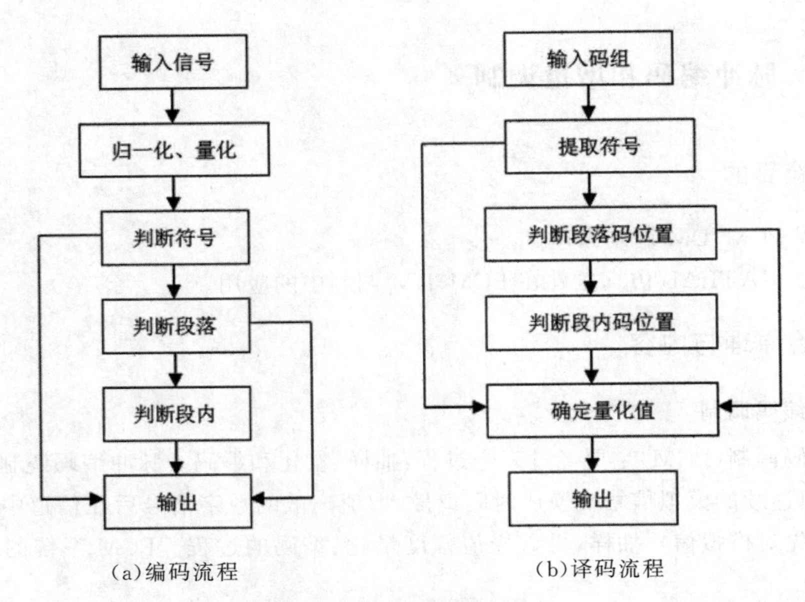

(a)编码流程　　(b)译码流程

图 5-25　PCM 编译码流程图

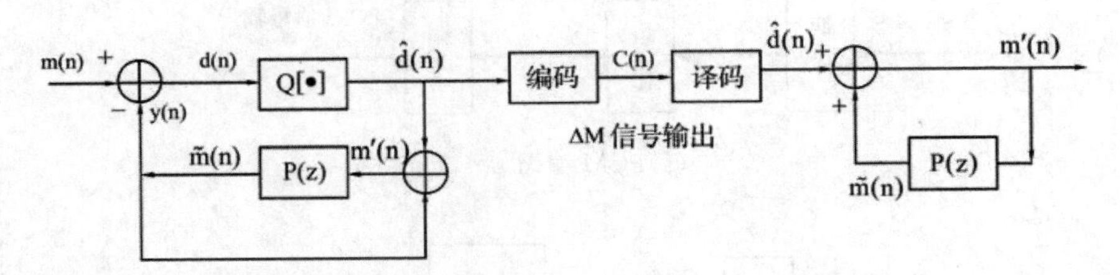

图 5-26　增量调制的原理框图

3. 程序示例

实例 12　输入一段采样频率为 8000 Hz、16 bit 的语音信号“male8000. wav”，画出其时域波形和频谱图。

MATLAB 源程序如下：

```
clear all;
clc;
close all;
file_name='male8000.wav';
[y,fs]=wavread(file_name);
sound(y);
N1=length(y);
m=max(y);
x=y/m;
figure(1);
plot(y);
title('原始信号');
xlabel('序列长度 n');
```

```
ylabel('幅度');
Y1=fft(x,N1);
figure(2);
plot(abs(Y1));
xlabel('f/HZ');
ylabel('幅度');
title('原始信号频谱');
axis([0 N1/2 0 200]);
```

运行结果如图 5-27 所示。

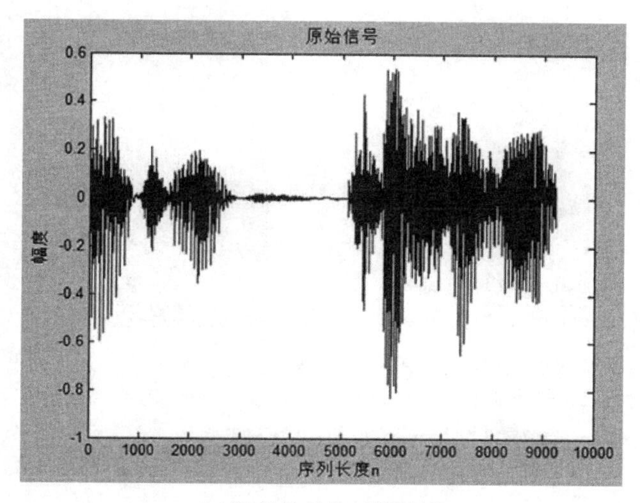

(a)语音信号的时域波形

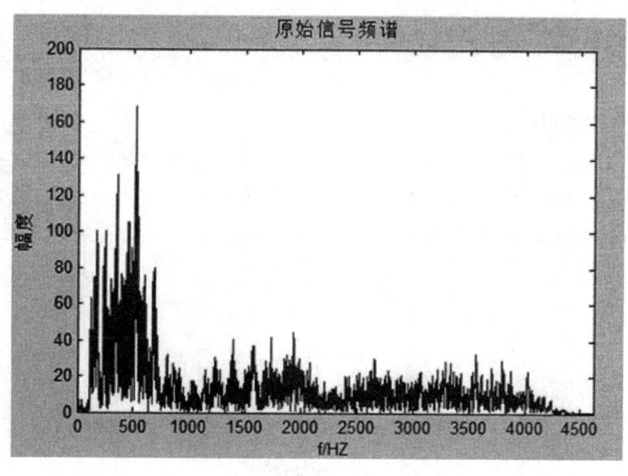

(b)相对应的频谱图

图 5-27　语音信号的时域波形和频谱图

实例 13　对实例 12 中的语音信号进行 PCM 编译码，画出编码的时域波形、译码输出的时域波形和频谱图。

MATLAB 源程序如下：

```
clc,clear;
file_name='male8000.wav';
[y,fs]=wavread(file_name);
sound(y);
N1=length(y);
m=max(y);
x=y/m;
x=x*2048;
for i=1:N1;
if x(i)>0;
        out(i,1)=1;
    else
        out(i,1)=0;
end
if abs(x(i))>=0&abs(x(i))<16;
        out(i,2)=0;out(i,3)=0;out(i,4)=0;step=1;st=0;
    elseif 16<=abs(x(i))&abs(x(i))<32;
        out(i,2)=0;out(i,3)=0;out(i,4)=1;step=1;st=16;
    elseif 32<=abs(x(i))&abs(x(i))<64;
        out(i,2)=0;out(i,3)=1;out(i,4)=0;step=2;st=32;
    elseif 64<=abs(x(i))&abs(x(i))<128;
        out(i,2)=0;out(i,3)=1;out(i,4)=1;step=4;st=64;
    elseif 128<=abs(x(i))&abs(x(i))<256;
        out(i,2)=1;out(i,3)=0;out(i,4)=0;step=8;st=128;
    elseif 256<=abs(x(i))&abs(x(i))<512;
        out(i,2)=1;out(i,3)=0;out(i,4)=1;step=16;st=256;
    elseif 512<=abs(x(i))&abs(x(i))<1024;
        out(i,2)=1;out(i,3)=1;out(i,4)=0;step=32;st=512;
   elseif 1024<=abs(x(i))&abs(x(i))<2048 ;
        out(i,2)=1;out(i,3)=1;out(i,4)=1;step=64;st=1024;
    else
      out(i,2)=1;out(i,3)=1;out(i,4)=1;step=128;st=2048;
end
if(abs(x(i))>=2048)
        out(i,2:8)=[1 1 1 1 1 1 1];
    elsetmp=floor((abs(x(i))-st)/step);
        t=dec2bin(tmp,4)-48;
out(i,5:8)=t(1:4);
    end
end
out=reshape(out',1,8*N1)
figure(1);
```

```
stairs(out);hold on;
title('PCM编码信号');
axis([0 100 0 1.2]);
xlabel('序列长度 n');
ylabel('幅度');
%译码
in=out;
N2=length(in);
in=reshape(in',8,N2/8)';
slot(1)=0;
slot(2)=16;
slot(3)=32;
slot(4)=64;
slot(5)=128;
slot(6)=256;
slot(7)=512;
slot(8)=1024;
step(1)=1;
step(2)=1;
step(3)=2;
step(4)=4;
step(5)=8;
step(6)=16;
step(7)=32;
step(8)=64;
for i=1:N2/8;
    ss=2*in(i,1)-1;
tmp=in(i,2)*4+in(i,3)*2+in(i,4)+1;
    st=slot(tmp);
    dt=(in(i,5)*8+in(i,6)*4+in(i,7)*2+in(i,8))*step(tmp)+0.5*step(tmp);
out_end(i)=ss*(st+dt);
end
decode_out=out_end;
decode_out=decode_out*m/2048;
figure(2);
plot(decode_out,'r');
title('PCM译码信号');
xlabel('序列长度 n');
ylabel('幅度');
sound(decode_out);
m2=max(decode_out);
m2=decode_out/m2;
```

```
Y2=fft(m2,N1);
figure(3);
subplot(2,1,1);
plot(abs(Y1));
xlabel('f/HZ');
ylabel('幅度');
title('原始信号频谱');
axis([0 N1/2 0 100]);
subplot(2,1,2);
plot(abs(Y2));
xlabel('f/HZ');
ylabel('幅度');
title('PCM译码信号频谱');
axis([0 N1/2 0 100]);
%量噪比
for i=1:N1
    SNR(i)=10*log10((y(i).^2)/((y(i)-decode_out(i)).^2));
end
figure(4);
plot(SNR);
title('PCM量噪比');
xlabel('序列长度n');
ylabel('dB');
SNR_PCM=10*log10(sum(y.^2)/sum((y-decode_out').^2));
```

运行结果如图5-28至图5-31所示。

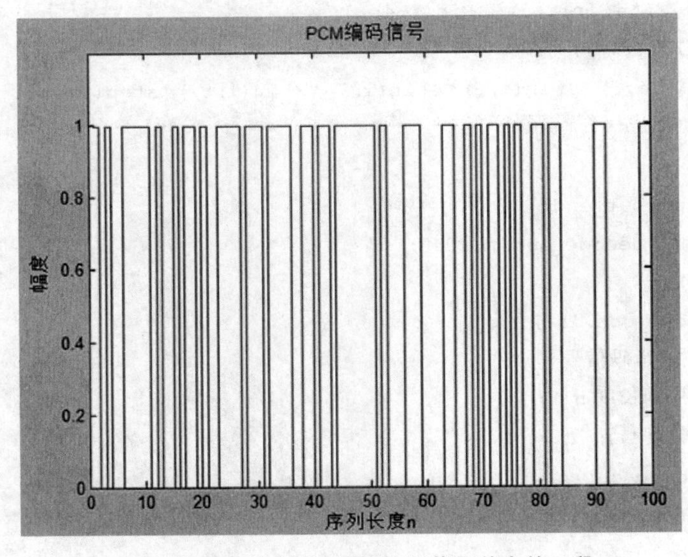

图5-28　PCM编码的时域波形(截取其中的一段)

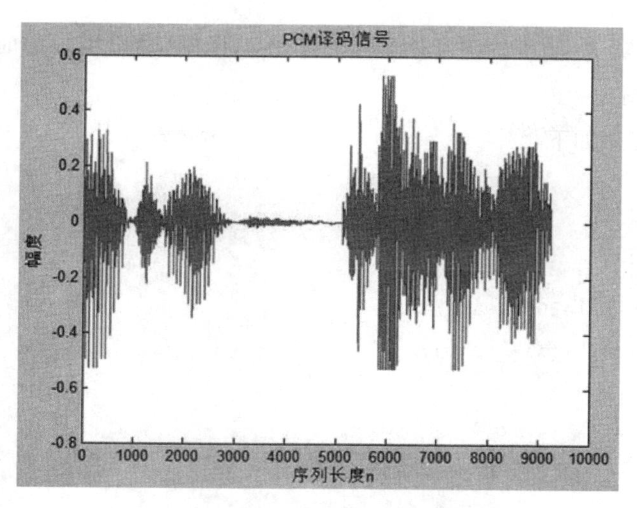

图 5-29　PCM 译码输出的时域波形

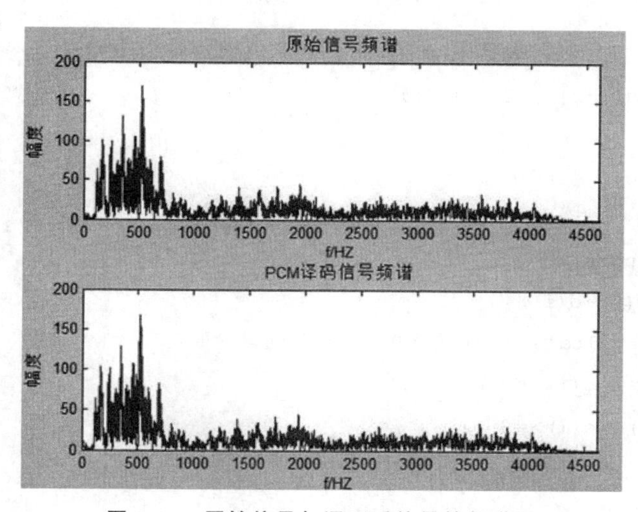

图 5-30　原始信号与译码后信号的频谱图

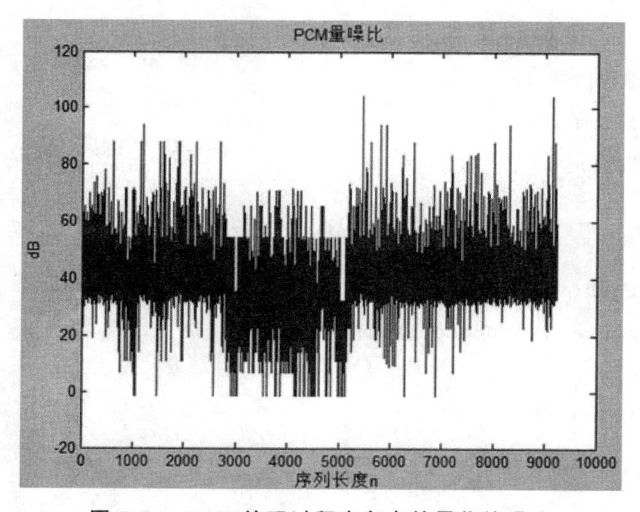

图 5-31　PCM 编码过程中各点的量化信噪比

实例 14 对实例 12 中的语音信号进行 DM 编译码，画出编码的时域波形、译码输出的时域波形和频谱图。

MATLAB 源程序如下：

```
clear all;
clc;
close all;
file_name='male8000.wav';
[y,fs]=wavread(file_name);
sound(y);
N1=length(y);
Ts=1/fs;
t1=0:Ts:(N1-1)*Ts;
Nx=8;
t2=0:Ts/Nx:(N1-1)*Ts;
x=interp1(t1,y,t2,'linear');
%编码
delta=0.05;
d(1)=0;
for i=1:length(x)
    e(i)=x(i)-d(i);
    e_q(i)=delta*(2*(e(i)>=0)-1);
    d(i+1)=e_q(i)+d(i);
    code(i)=(e(i)>=0);
end
encode=code;
figure(1);
stairs(t,outcode);hold on;
title('DM 编码信号');
xlabel('序列长度 n');
ylabel('幅度');
%译码
dr(1)=0;
for i=1:length(encode)
    eq(i)=delta*(2*encode(i)-1);
    xr(i)=eq(i)+dr(i);
    dr(i+1)=xr(i);
end
out=xr;
for k=1:N1
```

```
        code_out(k)=out(Nx*k+1-Nx);
    end
    decode_out=code_out;
    figure(2);
    stairs(decode_out,'r');hold on;
    title('DM译码信号');
    xlabel('序列长度 n');
    ylabel('幅度');
    sound(decode_out);
    m1=max(y);
    m1=y/m1;
    Y1=fft(m1,N1);
    m2=max(decode_out);
    m2=decode_out/m2;
    Y2=fft(m2,N1);
    figure(3);
    subplot(2,1,1);
    plot(abs(Y1));
    xlabel('f/HZ');
    ylabel('幅度');
    title('原始信号频谱');
    axis([0 N1/2 0 180]);
    subplot(2,1,2);
    plot(abs(Y2));
    xlabel('f/HZ');
    ylabel('幅度');
    title('DM译码信号频谱');
    axis([0 N1/2 0 180]);
    %量噪比
    for i=1:N1
        SNR(i)=10*log10((y(i).^2)/((x(i)-decode_out(i)).^2));
    end
    figure(5);
    plot(SNR);
    title('DM量噪比');
    xlabel('序列长度 n');
    ylabel('dB');
    SNR_DM=10*log10(sum(y.^2)/sum((y-decode_out').^2));
```

运行结果如图5-32至图5-35所示。

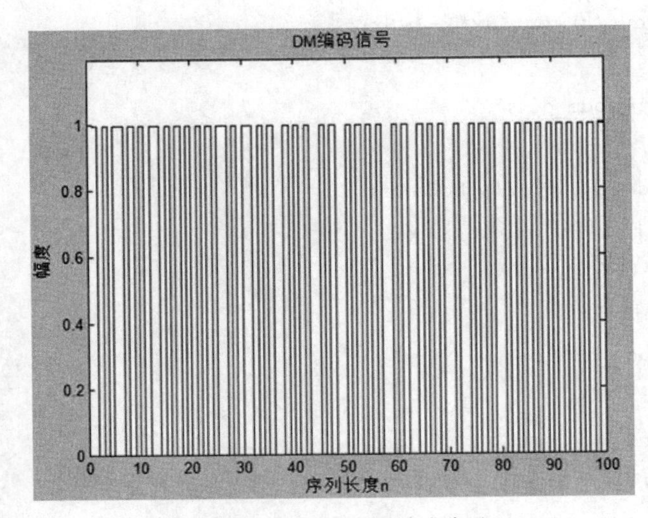

图 5-32 DM 编码的时域波形

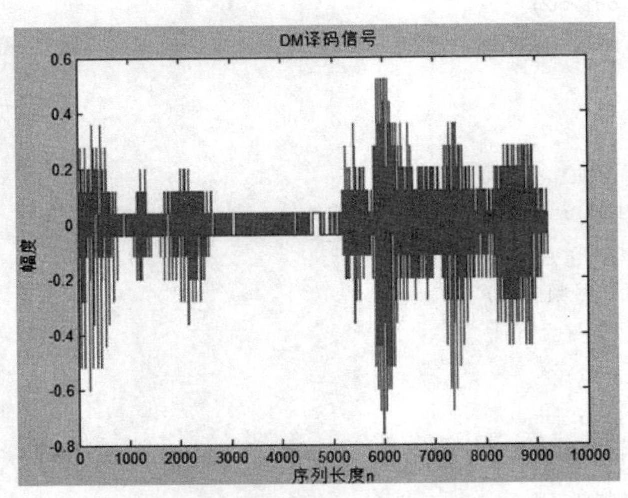

图 5-33 DM 译码输出的时域波形

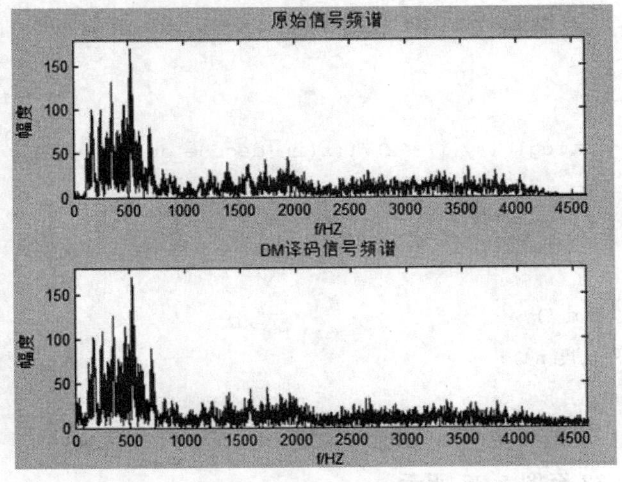

图 5-34 原始信号与译码后信号的频谱图

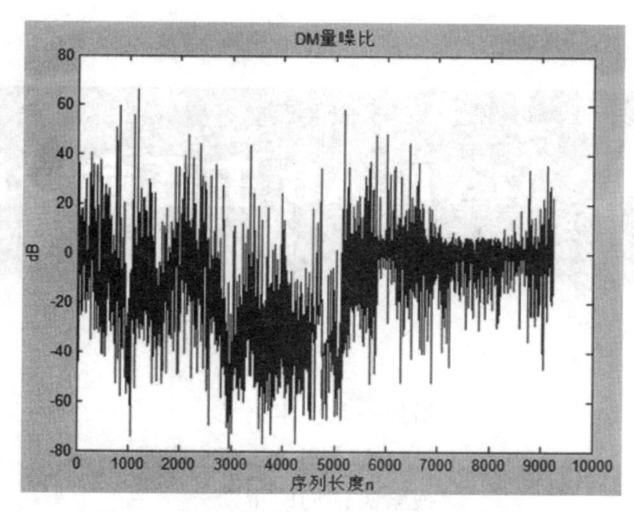

图 5-35　DM 编码过程中各点的量化信噪比

思考题

(1)自己录制一段 WAV 语音,对这段语音进行 800 Hz 的采样,语音持续时间为 2.5 s,画出其时域波形和频谱图。

(2)对思考题(1)中的语音信号进行 PCM 编译码,画出编码的时域波形、译码输出的时域波形和频谱图。

(3)对思考题(1)中的语音信号进行 DM 编译码,画出编码的时域波形、译码输出的时域波形和频谱图。

实验报告要求

(1)简述实验目的。

(2)整理思考题的程序,标注关键语句实现的功能,打印运行结果图形,并粘贴在实验报告上。

(3)对 PCM、DM 两种编码方式进行分析,比较两种语音编码质量,并总结实验心得体会。

附录A MATLAB 主要命令函数表

1. 管理用命令

addpath	增加一条搜索路径
demo	运行 MATLAB 演示程序
lookfor	搜索关键词的帮助
help	启动联机帮助
rmpath	删除一条搜索路径
type	列出.M 文件
path	设置或查询 MATLAB 路径
what	列出当前目录下的有关文件

2. 管理变量与工作空间用命令

clear	删除内存中的变量与函数
disp	显示矩阵与文本
length	查询向量的维数
load	从文件中装入数据
pack	整理工作空间内存
save	将工作空间中的变量存盘
size	查询矩阵的维数
who,whos	列出工作空间中的变量名

3. 文件与操作系统处理命令

cd	改变当前工作目录
delete	删除文件
diary	将 MATLAB 运行命令存盘
dir	列出当前目录的内容
edit	编辑.M 文件
MATLABroot	获得 MATLAB 的安装根目录
tempdir	获得系统的缓存目录
tempname	获得一个缓存(temp)文件

4. 运算符号与特殊字符

*	矩阵乘
.*	向量乘

^ 矩阵乘方
.^ 向量乘方
kron 矩阵 kron 积
\ 矩阵左除
/ 矩阵右除
.\ 向量左除
./ 向量右除
: 向量生成或子阵提取
() 下标运算或参数定义
[] 矩阵生成
. 点乘运算,常与其他运算符联合使用(如.\)
xor 逻辑运算异成
~ 逻辑运算非
... 续行符
, 分行符(该行结果不显示)
; 分行符(该行结果显示)
% 注释符
! 操作系统命令提示符
' 向量转置
= 赋值运算
== 关系运算之相等
~= 关系运算之不等
< 关系运算之小于
<= 关系运算之小于等于
> 关系运算之大于
>= 关系运算之大于等于
& 逻辑运算与
| 逻辑运算或

5. 控制流程

break 中断循环执行的语句
case 与 switch 结合实现多路转移
else 与 if 一起使用的转移语句
elseif 与 if 一起使用的转移语句
end 结束控制语句块
error 显示错误信息
for 循环语句
if 条件转移语句
otherwise 多路转移中的缺省执行部分
return 返回调用函数

switch	与 case 结合实现多路转移
warning	显示警告信息
while	循环语句

6. 基本矩阵

eye	产生单位阵
ones	产生元素全部为 1 的矩阵
:	产生向量
rand	产生随机分布矩阵
randn	产生正态分布矩阵
zeros	产生零矩阵

7. 特殊向量与常量

ans	缺省的计算结果变量
flops	浮点运算计数
i	复数单元
inf	无穷大
eps	精度容许误差(无穷小)
j	复数单元
non	非数值常量常由 0/0 或 Inf/Inf 获得
pi	圆周率
realmax	最大浮点数值
realmin	最小浮点数值
varargin	函数中输入的可选参数
varargout	函数中输出的可选参数

8. 矩阵处理

repmat	复制并排列矩阵函数
diag	建立对角矩阵或获取对角向量
fliplr	按左右方向翻转矩阵元素
flipud	按上下方向翻转矩阵元素
reshape	改变矩阵行列个数
rot90	将矩阵逆时针旋转 90°
tril	抽取矩阵的下三角部分
triu	抽取矩阵的上三角部分

9. 三角函数

sin/asin	正弦/反正弦函数
sinh/asinh	双曲正弦/反双曲正弦函数
cos/acos	余弦/反余弦函数
cosh/acosh	双曲余弦/反双曲余弦函数
tan/atan	正切/反正切函数

tanh/atanh	双曲正切/反双曲正切函数
atan2	四个象限内反正切函数
sec/asec	正割/反正割函数
sech/asech	双曲正割/反双曲正割函数
csc/acsc	余割/反余割函数
csch/acsch	双曲余割/反双曲余割函数
cot/acot	余切/反余切函数
coth/acoth	双曲余切/反双曲余切函数

10. 指数函数

exp	指数
log	自然对数
log10	常用对数
sqrt	平方根

11. 复数函数

abs	绝对值
angle	相位角
conj	共轭复数
imag	复数虚部
real	复数实部

12. 数值处理

fix	沿零方向取整
floor	沿$-\infty$方向取整
ceil	沿$+\infty$方向取整
round	舍入取整
rem	求除法的余数
sign	符号函数

13. 特征值与奇异值

poly	求矩阵的特征多项式

14. 矩阵函数

expm	矩阵指数
funm	一般矩阵
logm	矩阵对数
sqrtm	矩阵平方根

15. 基本运算

cumprod	向量累积
cumsum	向量累加
max	求向量中最大元素
min	求向量中最小元素

mean	求向量中各元素均值
median	求向量中中间元素
prod	对向量中各元素求积
sort	对向量中各元素排序
sortrows	对矩阵中各行排序
sum	对向量中各元素求和

16. 滤波与卷积

conv	卷积与多项式乘法
conv2	二维卷积
deconv	因式分解与多项式乘法
filter	一维数字滤波
filter2	二维数字滤波

17. 方差处理

corrcoef	相关系数计算
cov	协方差计算

18. Fourier 变换

abs	绝对值
angle	相位角
cplxpair	依共轭复数对重新排序
fft	离散 Fourier 变换
fft2	二维离散 Fourier 变换
fftshift	fft 与 fft2 输出重排
ifft	离散 Fourier 逆变换
ifft2	二维离散 Fourier 逆变换
unwrap	相位角矫正

19. 多项式处理

conv	卷积与多项式乘法
deconv	因式分解与多项式乘法
poly	求矩阵的特征多项式
polyder	多项式求导
polyeig	多项式特征值
polyfit	数据的多项式拟合
polyval	多项式求值
polyvalm	多项式矩阵求值
residue	部分分式展开
roots	求多项式的根

20. 声音处理

sound	将向量转换成声音

auread 读.au 文件
auwrite 写.au 文件
wavread 读.wav 文件
wavwrite 写.wav 文件

21. 字符串处理

strings MATLAB 字符串函数说明
isstr 字符串判断
deblank 删除结尾空格
str2mat 字符串转换成文本
strcmp 字符串比较
findstr 字符串查找
upper 字符串大写
lower 字符串小写

22. 字符串与数值转换

num2str 变数值为字符串
str2num 变字符串为数值
int2str 变整数为字符串
sprintf 数值的格式输出
sscanf 数值的格式输入

23. 基本文件输入输出

fclose 关闭文件
fopen 打开文件
fread 读二进制流文件
fwrite 写二进制流文件
fgetl 读文本文件(无行结束符)
fgets 读文本文件(有行结束符)
fprintf 写格式化数据到文件
fscanf 从文件读格式化数据
feof 文件结尾检测
ferror 文件 I/O 错误查询
frewind 文件指针回绕
fseek 设置文件指针位置
ftell 获得文件指针位置
sprintf 格式化数据转换为字符串
sscanf 依数据格式化读取字符串

24. 图形窗口生成与控制

clf 清除当前图形窗口
close 关闭图形窗口

figure	生成图形窗口
gcf	获取当前图形的窗口句柄
refresh	图形窗口刷新
shg	显示图形窗口

25. 坐标轴建立与控制

axes	坐标轴标度设置
axis	坐标轴位置设置
box	坐标轴盒状显示
caxis	为彩色坐标轴刻度
cla	清除当前坐标轴
gca	获得当前坐标轴句柄
hold	设置当前图形保护模式
ishold	返回 hold 的状态
subplot	将图形窗口分为几个区域
grid	坐标网格线开关设置

26. 处理图形对象

line	线生成
figure	图形窗口生成
image	图像生成
light	光源生成
surface	表面生成
text	文本生成
unicontrol	生成一个用户接口控制
uimenu	菜单生成
load	导入路径或文件
imread	读入图像
imshow	显示图像
rgb2gray	彩色图像转灰度图像
Im2bw	图像二值化
imnoise	图像加噪
imresize	改变图像大小
imrotate	图像旋转
imhist	图像灰度直方图运算
imerode	图像的腐蚀
imdilate	图像的膨胀
imopen	图像开操作
imclose	图像闭操作
histeq	直方图均衡化
medfilt2	中值滤波
edge	图像边缘检测
graythresh	计算最优阈值

watershed	分水岭函数
plot	绘制连续图形
subplot	一个窗口绘制多个图像
stem	绘制离散图形

27. 滤波器分析与实现

freqs	模拟滤波器频率响应
freqz	数字滤波器频率响应
freqzplot	画出频率响应曲线
impz	数字滤波器的单位抽样响应
latcfilt	格型滤波器实现
zplane	离散系统零极点图

28. FIR 滤波器设计

fir1	基于窗函数的 FIR 滤波器设计-标准响应
fir2	基于窗函数的 FIR 滤波器设计-任意响应
bartlett	Bartlett 窗
blackman	Blackman 窗
hamming	Hamming 窗
hanning	Hanning 窗
kaiser	Kaiser 窗
triang	三角窗

29. IIR 滤波器设计

butter	巴特沃斯型滤波器设计
buttord	巴特沃斯型滤波器阶数估计
cheby1	切比雪夫Ⅰ型滤波器设计
cheb1ord	切比雪夫Ⅰ型滤波器阶数估计
cheby2	切比雪夫Ⅱ型滤波器设计
cheb2ord	切比雪夫Ⅱ型滤波器阶数估计
ellip	椭圆型滤波器设计
ellipord	椭圆型滤波器阶数估计
bilinear	双线性变换法的模拟到数字转换
impinvar	脉冲响应不变法的模拟到数字转换
buttap	Butterworth 模拟低通滤波器原型
cheb1ap	Chebyshev Ⅰ模拟低通滤波器原型
cheb2ap	Chebyshev Ⅱ模拟低通滤波器原型
lp2bp	低通到带通模拟滤波器变换
lp2hp	低通到高通模拟滤波器变换
lp2bs	低通到带阻模拟滤波器变换
lp2lp	低通到低通模拟滤波器变换

参考文献

[1] 徐亚宁,李和.信号与系统分析[M].西安:西安电子科技大学出版社，2012.

[2] 徐亚宁,唐璐丹,王旬,等.信号与系统分析实验指导书(MATLAB版)[M].西安:西安电子科技大学出版社，2012.

[3] 王凤文,舒冬梅,赵宏才.数字信号处理[M].2版.北京:北京邮电大学出版社,2007.

[4] 张明照,刘政波,刘斌.应用MATLAB实现信号分析和处理[M].北京:科学出版社，2006.

[5] 杜晶晶,金学波.信号与系统实训指导(MATLAB版)[M].西安:西安电子科技大学出版社，2009.

[6] 承江红,谢陈跃.信号与系统仿真及实验指导[M].北京:北京理工大学出版社，2009.

[7] 袁文燕,王旭智.信号与系统的MATLAB实现[M].北京:清华大学出版社，2011.

[8] 宋宇飞.数字信号处理实验与学习指导[M].北京:清华大学出版社，2012.

[9] 刘明亮，郭云.数字信号处理基础教程[M].北京:北京航空航天大学出版社,2011.

[10] [美]Rafael C. Gonzalez,Richard E. Woods.数字图像处理[M].2版.阮秋琦,阮宇智,译.北京:电子工业出版社,2007.

[11] 张铮,倪红霞,苑春苗,等.精通Matlab数字图像处理与识别[M].北京:人民邮电出版社，2013.

[12] 许录平.数字图像处理[M].2版.北京:科学出版社,2017.

[13] 马晓路,刘倩,胡开云,等.MATLAB图像处理从入门到精通[M].北京:中国铁道出版社，2013.

[14] 赵鸿图,茅艳.通信原理MATLAB仿真教程[M].北京:人民邮电出版社，2010.

[15] 樊昌信,曹丽娜.通信原理[M].7版.北京:国防工业出版社，2012.

[16] 王卫东.高频电子电路[M].3版.北京:电子工业出版社，2014.